湖北大别山 植物图鉴

第Ⅰ卷

董洪进　方元平　项　俊　甄爱国　主编

U0149969

中国林业出版社
China Forestry Publishing House

图书在版编目（CIP）数据

湖北大别山植物图鉴. 第 I 卷 / 董洪进等主编. —北京：中国林业出版社，2021.2

ISBN 978-7-5219-1003-2

Ⅰ.①湖… Ⅱ.①董… Ⅲ.①大别山—植物—图集 Ⅳ.①Q948.526.3-64

中国版本图书馆 CIP 数据核字（2021）第 016007 号

出版发行 中国林业出版社（100009 北京西城区刘海胡同 7 号）

网址 http://www.forestry.gov.cn/lycb.html

E-mail 36132881@qq.com 电话 010-83143545

印 刷 北京中科印刷有限公司

版 次 2021 年 2 月第 1 版

印 次 2021 年 2 月第 1 次

开 本 880mm×1230mm 1/32

印 张 14

字 数 414 千字

定 价 198.00 元

《湖北大别山植物图鉴（第Ⅰ卷）》编委会

编著单位

黄冈师范学院

湖北大别山国家级自然保护区管理局

主　编

董洪进　方元平　项　俊　甄爱国

参　编

李世升　余姣君　付　俊　李志良　朴京兰

付　朋　付　剑　邬　刚　杨勤跃　余海燕

前　言
PREFACE

　　大别山蜿蜒于鄂、豫、皖三省，西接桐柏山，东延为霍山和张八岭，面积约 10 万平方公里。整个山体的地势由东北向西南构成背风向阳的阶梯状斜坡，为长江、淮河两大水系的分水岭，也是亚热带向温带过渡区域。复杂的地形和独特的气候特征，为该区植物和植被的分化提供了优越条件，使之成为连接华东、华北和华中植物区系的纽带。大别山是华中地区的物种资源库和长江中下游的生态屏障，在《中国生物多样性优先区域范围（2015）》中被列为 35 个生物多样性优先保护区域之一，具有十分重要的科研和保护价值。

　　湖北大别山位于整个山系南麓，基本对应黄冈市和孝感市南部的孝昌县、大悟县，最高峰天堂寨海拔 1729.13 米，最低点延伸至长江水面。较具规模的植物资源科学考察始于 1961 年，原华中师范学院生物系以湖北大别山作为植物学野外实习基地，开展了较为系统的标本采集；1980 年中国科学院武汉植物园陶光复先生对大别山的植物调查工作进行了总结，共记载维管植物 186 科 619 属 1188 种，初步揭示了湖北大别山植物区系组成和特征。1989年，原黄冈师范专科学校生物系组织相关专业教师进行了第一次大别山科学考察；2007 年黄冈师范学院方元平等在完成湖北大别山省级自然保护区科考的基础上，总结大别山共有高等维管植物 195 科 663 属 1461 种，但大多是依据《湖北植物志》和《湖北植物大全》的记载，考察所采集的凭证标本数量较为有限。2010 年，罗田科技局退休干部蔡炳文先生生出版了《罗田植物名录》，记载罗田县境内维管植物 186 科 851 属 2046 种（含引种栽培），但以上调查都不充分全面。迄今，湖北大别山也是省内唯一没有清晰资源本底资料的区域，开展大别山植物多样性专项调查，补齐最后一块短板，也是全面清查全省植物资源的当务之急。

自 2015 年始，黄冈师范学院开启了对湖北大别山植物多样性资源的系统性调查，计划在前人研究的基础上，摸清植物资源本底。迄今为止，我们重点对英山县的吴家山、桃花冲，罗田县的天堂寨、薄刀峰，麻城市的狮子峰、龟峰山，团风县的大崎山，浠水县的三角山，蕲春县的仙人台、横岗山以及黄州区沿江区域做了较为系统的调查。在野外调查和标本采集的同时，拍摄对应的植物照片，计划在完成资源调查的过程中，以图鉴的形式连续出版。

本书作为系列图鉴的第 I 卷，汇集我们历年的调查积累，共收录了野生种子植物 103 科 324 属 450 种，基本涵盖了最为常见的物种，其中蓼属、忍冬属、鼠尾草属、野豌豆属、杜鹃花属基本包含了分布于此的全部种类，同时也包含了北美独行菜、月见草、豚草、野茼蒿、牛膝菊、小蓬草等常见入侵归化植物。本书中科按照恩格勒系统排列，科内物种按照字母顺序排列，每个物种给出了主要鉴别特征和目前调查到的分布点，文字描述尽量精简。

本书是认识大别山植物的入门手册，可以作为大专院校大别山植物实习的参考书，或者协助林业系统和保护区管理局人员加强植物识别和植被监测。编者水平有限，缺讹不免，敬请读者批评指正。

杨涵、熊天涵、涂俊超、田浩文、王红玉、王曼曼、陈丹格、元冬梅、陈千千、周彬等同学在野外调查、文字整理方面提供了帮助，在此表示感谢。

本书出版受到了国家科技基础资源调查专项（项目编号：2019FY101809）和黄冈师范学院大别山特色动植物资源评价与综合利用团队（项目编号：4022019006）的资助。

编　者
2020 年 1 月

目 录
CONTENTS

松科 Pinaceae 2

  马尾松 *Pinus massoniana* 2

  黄山松 *Pinus taiwanensis* 3

三尖杉科 Cephalotaxaceae 4

  三尖杉 *Cephalotaxus fortunei* 4

红豆杉科 Taxaceae 4

  巴山榧 *Torreya fargesii* 4

八角科 Illiciaceae 5

  红毒茴 *Illicium lanceolatum* 5

胡桃科 Juglandaceae 6

  山核桃 *Carya cathayensis* 6

  化香树 *Platycarya strobilacea* 7

  枫杨 *Pterocarya stenoptera* 8

桦木科 Betulaceae 9

  雷公鹅耳枥 *Carpinus viminea* 9

山毛榉科 Fagaceae 10

  茅栗 *Castanea seguinii* 10

  青冈 *Cyclobalanopsis glauca* 11

  枹栎 *Quercus serrata* 12

  栓皮栎 *Quercus variabilis* 13

榆科 Ulmaceae 14

  朴树 *Celtis sinensis* 14

青檀 *Pteroceltis tatarinowii* 14

杜仲科 Eucommiaceae 15

  杜仲 *Eucommia ulmoides* 15

桑科 Moraceae 16

  楮 *Broussonetia kazinoki* 16

  构树 *Broussonetia papyrifera* 17

  薜荔 *Ficus pumila* 18

  爬藤榕 *Ficus sarmentosa* var. *impressa*

 19

  葎草 *Humulus scandens* 20

  柘 *Maclura tricuspidata* 21

  桑 *Morus alba* 22

荨麻科 Urticaceae 23

  苎麻 *Boehmeria nivea* 23

  小赤麻 *Boehmeria spicata* 24

  悬铃叶苎麻 *Boehmeria tricuspis* 25

  庐山楼梯草 *Elatostema stewardii* 26

  糯米团 *Gonostegia hirta* 27

  珠芽艾麻 *Laportea bulbifera* 28

  花点草 *Nanocnide japonica* 29

  齿叶矮冷水花 *Pilea peploides* var.

  major 30

粗齿冷水花 *Pilea sinofasciata* 30

铁青树科 Olacaceae 31

青皮木 *Schoepfia jasminodora* 31

檀香科 Santalaceae 32

米面蓊 *Buckleya henryi* 32

百蕊草 *Thesium chinense* 32

蓼科 Polygonaceae 33

金线草 *Antenoron filiforme* 33

何首乌 *Fallopia multiflora* 34

萹蓄 *Polygonum aviculare* 35

蓼子草 *Polygonum criopolitanum* 36

稀花蓼 *Polygonum dissitiflorum* 36

水蓼 *Polygonum hydropiper* 37

愉悦蓼 *Polygonum jucundum* 38

小蓼花 *Polygonum muricatum* 39

尼泊尔蓼 *Polygonum nepalense* 40

红蓼 *Polygonum orientale* 40

杠板归 *Polygonum perfoliatum* 41

丛枝蓼 *Polygonum posumbu* 42

刺蓼 *Polygonum senticosum* 43

支柱蓼 *Polygonum suffultum* 43

戟叶蓼 *Polygonum thunbergii* 44

虎杖 *Reynoutria japonica* 45

酸模 *Rumex acetosa* 46

羊蹄 *Rumex japonicus* 47

商陆科 Phytolaccaceae 48

商陆 *Phytolacca acinosa* 48

粟米草科 Molluginaceae 49

粟米草 *Mollugo stricta* 49

马齿苋科 Portulacaceae 49

马齿苋 *Portulaca oleracea* 49

石竹科 Caryophyllaceae 50

无心菜 *Arenaria serpyllifolia* 50

球序卷耳 *Cerastium glomeratum* 51

瞿麦 *Dianthus superbus* 52

鹅肠菜 *Myosoton aquaticum* 53

孩儿参 *Pseudostellaria heterophylla* 54

漆姑草 *Sagina japonica* 55

女娄菜 *Silene aprica* 56

蝇子草 *Silene gallica* 57

雀舌草 *Stellaria alsine* 58

中国繁缕 *Stellaria chinensis* 59

繁缕 *Stellaria media* 60

沼生繁缕 *Stellaria palustris* 61

苋科 Amaranthaceae 62

牛膝 *Achyranthes bidentata* 62

木兰科 Magnoliaceae 63

天女花 *Oyama sieboldii* 63

望春玉兰 *Yulania biondii* 64

罗田玉兰 *Yulania pilocarpa* 65

五味子科 Schisandraceae 66

南五味子 *Kadsura longipedunculata* 66

华中五味子 *Schisandra sphenanthera*

....67

樟科 Lauraceae 68

山胡椒 *Lindera glauca* 68

三桠乌药 *Lindera obtusiloba* 69

大果山胡椒 *Lindera praecox* 70

山橿 *Lindera reflexa* 71

黄丹木姜子 *Litsea elongata* 72

薄叶润楠 *Machilus leptophylla* 73

毛茛科 Ranunculaceae.....................74

瓜叶乌头 *Aconitum hemsleyanum* 74

鹅掌草 *Anemone flaccida* 75

山木通 *Clematis finetiana* 76

圆锥铁线莲 *Clematis terniflora* 77

獐耳细辛 *Hepatica nobilis* var. *asiatica*
....78

白头翁 *Pulsatilla chinensis* 79

茴茴蒜 *Ranunculus chinensis* 80

石龙芮 *Ranunculus sceleratus* 81

扬子毛茛 *Ranunculus sieboldii* 82

天葵 *Semiaquilegia adoxoides* 83

华东唐松草 *Thalictrum fortunei* 84

小檗科 Berberidaceae 85

安徽小檗 *Berberis anhweiensis* 85

八角莲 *Dysosma versipellis* 86

箭叶淫羊藿 *Epimedium sagittatum* 87

木通科 Lardizabalaceae....................88

木通 *Akebia quinata* 88

大血藤 *Sargentodoxa cuneata* 89

防己科 Menispermaceae....................90

木防己 *Cocculus orbiculatus* 90

风龙 *Sinomenium acutum* 91

千金藤 *Stephania japonica* 92

三白草科 Saururaceae 93

蕺菜 *Houttuynia cordata* 93

胡椒科 Piperaceae...........................94

爬岩香 *Piper wallichii* 94

金粟兰科 Chloranthaceae.................94

及己 *Chloranthus serratus* 94

马兜铃科 Aristolochiaceae 95

大别山马兜铃
Aristolochia dabieshanensis 95

绵毛马兜铃 *Aristolochia mollissima*
....96

管花马兜铃 *Aristolochia tubiflora* 97

猕猴桃科 Actinidiaceae....................98

中华猕猴桃 *Actinidia chinensis* 98

山茶科 Theaceae 99

毛柄连蕊茶 *Camellia fraterna* 99

油茶 *Camellia oleifera* 100

长喙紫茎 *Stewartia rostrata* 101

藤黄科 Guttiferae 102

黄海棠 *Hypericum ascyron* 102

小连翘 *Hypericum erectum* 103

元宝草 *Hypericum sampsonii* 103

罂粟科 Papaveraceae.....................104

伏生紫堇 *Corydalis decumbens* 104

刻叶紫堇 *Corydalis incisa* 105

延胡索 *Corydalis yanhusuo* 106

博落迴 *Macleaya cordata* 107

十字花科 Brassicaceae....................108

葡萄南芥 *Arabis flagellosa* 108

荠 *Capsella bursa-pastoris* 108

光头山碎米荠 *Cardamine engleriana*
....109

弯曲碎米荠 *Cardamine flexuosa*......110

碎米荠 *Cardamine hirsuta* 110

弹裂碎米荠 *Cardamine impatiens* 111

华中碎米荠 *Cardamine macrophylla*
....112

山萮菜 *Eutrema yunnanense* 113

北美独行菜 *Lepidium virginicum* 114

豆瓣菜 *Nasturtium officinale* 115

诸葛菜 *Orychophragmus violaceus* ..116

风花菜 *Rorippa globosa* 117

蔊菜 *Rorippa indica* 118

金缕梅科 Hamamelidaceae 119

蜡瓣花 *Corylopsis sinensis* 119

牛鼻栓 *Fortunearia sinensis* 120

金缕梅 *Hamamelis mollis* 121

枫香 *Liquidambar formosana* 122

檵木 *Loropetalum chinense* 123

景天科 Crassulaceae 124

轮叶八宝 *Hylotelephium verticillatum*
....124

费菜 *Phedimus aizoon* 125

珠芽景天 *Sedum bulbiferum* 126

大叶火焰草 *Sedum drymarioides* 127

凹叶景天 *Sedum emarginatum* 128

佛甲草 *Sedum lineare* 128

垂盆草 *Sedum sarmentosum* 129

虎耳草科 Saxifragaceae 130

落新妇 *Astilbe chinensis* 130

草绣球 *Cardiandra moellendorffii* 131

绵毛金腰 *Chrysosplenium
lanuginosum* 132

大叶金腰 *Chrysosplenium
macrophyllum* 133

中华金腰 *Chrysosplenium sinicum*...134

宁波溲疏 *Deutzia ningpoensis* 134

中国绣球 *Hydrangea chinensis* 135

山梅花 *Philadelphus incanus* 136

细枝茶藨子 *Ribes tenue* 137

虎耳草 *Saxifraga stolonifera*............138

黄水枝 *Tiarella polyphylla* 139

海桐花科 Pittosporaceae 140

海金子 *Pittosporum illicioides* 140

蔷薇科 Rosaceae 141

龙芽草 *Agrimonia pilosa* 141

野山楂 *Crataegus cuneata* 142

蛇莓 *Duchesnea indica* 143

白鹃梅 *Exochorda racemosa* 144

路边青 *Geum aleppicum* 145

棣棠花 *Kerria japonica* 146

中华石楠 *Photinia beauverdiana* 147

绒毛石楠 *Photinia schneideriana*.....148

三叶委陵菜 *Potentilla freyniana*......149

蛇含委陵菜 *Potentilla kleiniana*......149

木香花 *Rosa banksiae* 150

软条七蔷薇 *Rosa henryi* 151

金樱子 *Rosa laevigata* 152

野蔷薇 *Rosa multiflora* 153

山莓 *Rubus corchorifolius* 154

插田泡 *Rubus coreanus* 155

蓬蘽 *Rubus hirsutus* 156

白叶莓 *Rubus innominatus* 157

高粱泡 *Rubus lambertianus* 158

茅莓 *Rubus parvifolius* 158

灰白毛莓 *Rubus tephrodes* 159

三花悬钩子 *Rubus trianthus* 160

中华绣线菊 *Spiraea chinensis* 161

华空木 *Stephanandra chinensis* 162

豆科 Fabaceae 163

合萌 *Aeschynomene indica* 163

大金刚藤 *Dalbergia dyeriana*...........164

野大豆 *Glycine soja* 165

长柄山蚂蝗 *Hylodesmum podocarpum*

...................166

华东木蓝 *Indigofera fortunei* 167

鸡眼草 *Kummerowia striata*.............168

截叶铁扫帚 *Lespedeza cuneata* 169

草木樨 *Melilotus officinalis* 170

葛 *Pueraria montana* var. *lobata* ...171

广布野豌豆 *Vicia cracca* 171

小巢菜 *Vicia hirsuta* 172

牯岭野豌豆 *Vicia kulingana* 173

救荒野豌豆 *Vicia sativa* 173

四籽野豌豆 *Vicia tetrasperma* 174

歪头菜 *Vicia unijuga* 175

紫藤 *Wisteria sinensis* 176

酢浆草科 Oxalidaceae 177

酢浆草 *Oxalis corniculata*.............177

牻牛儿苗科 Geraniaceae 178

野老鹳草 *Geranium carolinianum* 178

大戟科 Euphorbiaceae 179

铁苋菜 *Acalypha australis* 179

乳浆大戟 *Euphorbia esula* 180

斑地锦 *Euphorbia maculata*.............180

算盘子 *Glochidion puberum* 181

白背叶 *Mallotus apelta* 182

青灰叶下珠 *Phyllanthus glaucus* 183

乌桕 *Triadica sebifera*....................184

油桐 *Vernicia fordii* 185

芸香科 Rutaceae 186

臭檀吴萸 *Evodia daniellii* 186

臭常山 *Orixa japonica* 187

苦木科 Simaroubaceae 188

臭椿 *Ailanthus altissima* 188

楝科 Meliaceae 189

楝 *Melia azedarach* 189

远志科 Polygalaceae 190

瓜子金 *Polygala japonica* 190

漆树科 Anacardiaceae 191

盐肤木 *Rhus chinensis* 191

野漆 *Toxicodendron succedaneum*.....192

槭树科 Aceraceae 193

青榨槭 *Acer davidii* subsp. *davidii*......193

葛萝槭 *Acer davidii* subsp. *grosseri*

...................193

清风藤科 Sabiaceae 194

垂枝泡花树 *Meliosma flexuosa*........194

清风藤 *Sabia japonica* 194

凤仙花科 Balsaminaceae 195

封怀凤仙花 *Impatiens fenghwaiana* ...195

浙皖凤仙花 *Impatiens neglecta* 196

冬青科 Aquifoliaceae 197

冬青 *Ilex chinensis* 197

大柄冬青 *Ilex macropoda* 198

具柄冬青 *Ilex pedunculosa* 198

省沽油科 Staphyleaceae.................199

野鸦椿 *Euscaphis japonica* 199

省沽油 *Staphylea bumalda* 200

鼠李科 Rhamnaceae 201

猫乳 *Rhamnella franguloides* 201

长叶冻绿 *Rhamnus crenata* 202

圆叶鼠李 *Rhamnus globosa* 202

皱叶鼠李 *Rhamnus rugulosa* 203

葡萄科 Vitaceae.................204

三裂蛇葡萄 *Ampelopsis delavayana*

.............204

乌蔹莓 *Cayratia japonica* 205

刺葡萄 *Vitis davidii* 206

椴树科 Tiliaceae.................207

扁担杆 *Grewia biloba* 207

瑞香科 Thymelaeaceae.................208

芫花 *Daphne genkwa* 208

多毛芫花 *Wikstroemia pilosa* 209

胡颓子科 Elaeagnaceae.................210

胡颓子 *Elaeagnus pungens* 210

大风子科 Flacourtiaceae.................211

山桐子 *Idesia polycarpa* 211

堇菜科 Violaceae.................212

堇菜 *Viola arcuata* 212

南山堇菜 *Viola chaerophylloides* 213

球果堇菜 *Viola collina*.................214

七星莲 *Viola diffusa* 215

紫花地丁 *Viola philippica* 216

旌节花科 Stachyuraceae.................217

中国旌节花 *Stachyurus chinensis*....217

秋海棠科 Begoniaceae.................218

中华秋海棠 *Begonia grandis* subsp.

sinensis 218

葫芦科 Cucurbitaceae.................219

盒子草 *Actinostemma tenerum* 219

南赤瓟 *Thladiantha nudiflora* 220

柳叶菜科 Onagraceae.................221

高山露珠草 *Circaea alpina*.............221

月见草 *Oenothera biennis* 222

八角枫科 Alangiaceae.................223

八角枫 *Alangium chinense* 223

山茱萸科 Cornaceae.................224

灯台树 *Cornus controversa*.............224

四照花 *Cornus kousa* subsp. *chinensis*

.............225

青荚叶 *Helwingia japonica* 226

五加科 Araliaceae.................227

常春藤 *Hedera nepalensis* var. *sinensis*

.............227

伞形科 Apiaceae.................228

重齿当归 *Angelica biserrata* 228

拐芹 *Angelica polymorpha*.............229

鸭儿芹 *Cryptotaenia japonica* 230

水芹 *Oenanthe javanica*.................231

小窃衣 *Torilis japonica* 232

窃衣 *Torilis scabra* 232

鹿蹄草科 Pyrolaceae.................233

水晶兰 *Monotropa uniflora*.............233

鹿蹄草 *Pyrola calliantha*..................234

杜鹃花科 Ericaceae..................235

云锦杜鹃 *Rhododendron fortunei*.....235

黄山杜鹃 *Rhododendron maculiferum*
subsp. *anhweiense* 236

满山红 *Rhododendron mariesii*.......237

羊踯躅 *Rhododendron molle* 238

杜鹃 *Rhododendron simsii*..........239

紫金牛科 Myrsinaceae 240

紫金牛 *Ardisia japonica* 240

报春花科 Primulaceae..................241

珍珠菜 *Lysimachia clethroides*...241

聚花过路黄 *Lysimachia congestiflora*
..................242

点腺过路黄 *Lysimachia hemsleyana*..................243

轮叶过路黄 *Lysimachia klattiana*......244

疏头过路黄 *Lysimachia pseudohenryi* 245

柿树科 Ebenaceae..................246

野柿 *Diospyros kaki* var. *silvestris*.....246

君迁子 *Diospyros lotus* 246

安息香科 Styracaceae..................247

小叶白辛树 *Pterostyrax corymbosus*
..................247

野茉莉 *Styrax japonicus*..................248

玉铃花 *Styrax obassis*..................249

山矾科 Symplocaceae..................250

白檀 *Symplocos paniculata*..........250

老鼠矢 *Symplocos stellaris*..........251

木犀科 Oleaceae..................252

金钟花 *Forsythia viridissima* 252

苦枥木 *Fraxinus insularis* 253

小蜡 *Ligustrum sinense*..................254

萝藦科 Asclepiadaceae..................255

牛皮消 *Cynanchum auriculatum*.......255

萝藦 *Metaplexis japonica* 256

茜草科 Rubiaceae 257

水团花 *Adina pilulifera* 257

香果树 *Emmenopterys henryi*..................258

猪殃殃 *Galium aparine* var. *tenerum*
..................259

日本蛇根草 *Ophiorrhiza japonica*.......259

鸡矢藤 *Paederia foetida* 260

茜草 *Rubia cordifolia*..................261

旋花科 Convolvulaceae..................262

南方菟丝子 *Cuscuta australis* 262

紫草科 Boraginaceae..................263

田紫草 *Lithospermum arvense* 263

浙赣车前紫草
Sinojohnstonia chekiangensis..................264

盾果草 *Thyrocarpus sampsonii*..........265

附地菜 *Trigonotis peduncularis* 266

马鞭草科 Verbenaceae..................267

老鸦糊 *Callicarpa giraldii* 267

臭牡丹 *Clerodendrum bungei* 268

大青 *Clerodendrum cyrtophyllum* 269

海州常山 *Clerodendrum trichotomum*..................269

马鞭草 *Verbena officinalis* 270

黄荆 *Vitex negundo* 271

唇形科 Lamiaceae........................272

　金疮小草 *Ajuga decumbens*............272

　兰香草 *Caryopteris incana*..............273

　细风轮菜 *Clinopodium gracile*........274

　绵穗苏 *Comanthosphace ningpoensis*

　...275

　海州香薷 *Elsholtzia splendens* 276

　活血丹 *Glechoma longituba*.............277

　毛叶香茶菜 *Isodon japonicus* 278

　宝盖草 *Lamium amplexicaule* 279

　假鬃尾草 *Leonurus chaituroides* 280

　益母草 *Leonurus japonicus* 281

　石香薷 *Mosla chinensis*....................282

　石荠苎 *Mosla scabra* 283

　牛至 *Origanum vulgare* 284

　糙苏 *Phlomis umbrosa* 285

　夏枯草 *Prunella vulgaris* 286

　白马鼠尾草 *Salvia baimaensis*........287

　大别山鼠尾草 *Salvia dabieshanensis*

　...288

　美丽鼠尾草 *Salvia meiliensis*..........289

　丹参 *Salvia miltiorrhiza* 290

　荔枝草 *Salvia plebeia*.......................291

　半枝莲 *Scutellaria barbata* 292

　韩信草 *Scutellaria indica* 293

　蜗儿菜 *Stachys arrecta*.....................294

　血见愁 *Teucrium viscidum* 295

茄科 Solanaceae........................296

　枸杞 *Lycium chinense* 296

　江南散血丹

　Physaliastrum heterophyllum 297

　野海茄 *Solanum japonense* 298

　喀西茄 *Solanum khasianum* 299

　白英 *Solanum lyratum*.......................300

　龙葵 *Solanum nigrum* 301

醉鱼草科 Buddlejaceae...............302

　醉鱼草 *Buddleja lindleyana* 302

玄参科 Scrophulariaceae 303

　匍茎通泉草 *Mazus miquelii*............303

　山罗花 *Melampyrum roseum*...........303

　玄参 *Scrophularia ningpoensis*........304

爵床科 Acanthaceae 305

　白接骨 *Asystasia neesiana* 305

　九头狮子草 *Peristrophe japonica* 306

　爵床 *Rostellularia procumbens*........307

苦苣苔科 Gesneriaceae 307

　吊石苣苔 *Lysionotus pauciflorus*......307

透骨草科 Phrymaceae 308

　透骨草 *Phryma leptostachya* subsp.

　asiatica 308

车前草科 Plantaginaceae 309

　车前 *Plantago asiatica*.....................309

忍冬科 Caprifoliaceae..................310

　南方六道木 *Abelia dielsii* 310

　金花忍冬 *Lonicera chrysantha*........311

　北京忍冬 *Lonicera elisae* 311

　苦糖果 *Lonicera fragrantissima* var.

　lancifolia 312

　倒卵叶忍冬 *Lonicera hemsleyana* 313

忍冬 *Lonicera japonica*......................314

金银忍冬 *Lonicera maackii*..............315

下江忍冬 *Lonicera modesta* 316

盘叶忍冬 *Lonicera tragophylla*........317

接骨草 *Sambucus javanica*...............318

接骨木 *Sambucus williamsii*.............319

备中荚蒾 *Viburnum carlesii* var.

bitchiuense...320

荚蒾 *Viburnum dilatatum* 321

蝴蝶戏珠花 *Viburnum plicatum* var.

tomentosum..322

合轴荚蒾 *Viburnum sympodiale*.......323

半边月 *Weigela japonica* var. *sinica*

....324

败酱科 Valerianaceae 325

柔垂缬草 *Valeriana flaccidissima*.....325

缬草 *Valeriana officinalis* 326

桔梗科 Campanulaceae...................327

牧根草 *Asyneuma japonicum* 327

半边莲 *Lobelia chinensis* 328

袋果草 *Peracarpa carnosa*...............329

桔梗 *Platycodon grandiflorus* 330

蓝花参 *Wahlenbergia marginata*.......331

菊科 Asteraceae 332

豚草 *Ambrosia artemisiifolia*...........332

香青 *Anaphalis sinica* 333

马兰 *Aster indicus* 334

三脉紫菀 *Aster trinervius* subsp.

ageratoides...335

苍术 *Atractylodes lancea* 336

狼杷草 *Bidens tripartita* 337

天名精 *Carpesium abrotanoides* 338

金挖耳 *Carpesium divaricatum*........339

野菊 *Chrysanthemum indicum* 340

蓟 *Cirsium japonicum*......................341

小蓬草 *Conyza canadensis* 342

野茼蒿 *Crassocephalum crepidioides*

....343

黄瓜假还阳参

Crepidiastrum denticulatum 344

鳢肠 *Eclipta prostrata*......................345

一年蓬 *Erigeron annuus*...................346

牛膝菊 *Galinsoga parviflora*............347

细叶鼠麴草 *Gnaphalium japonicum*

....348

苦荬菜 *Ixeris polycephala* 349

稻槎菜 *Lapsanastrum apogonoides* 350

薄雪火绒草

Leontopodium japonicum 351

林生假福王草

Paraprenanthes diversifolia 351

鼠麴草 *Pseudognaphalium affine* 352

高大翅果菊 *Pterocypsela elata*........353

千里光 *Senecio scandens* 354

腺梗豨莶 *Sigesbeckia pubescens*......355

蒲儿根 *Sinosenecio oldhamianus*......356

一枝黄花 *Solidago decurrens* 357

兔儿伞 *Syneilesis aconitifolia* 358

山牛蒡 *Synurus deltoides* 359

蒲公英 *Taraxacum mongolicum*........360

黔狗舌草 *Tephroseris pseudosonchus*
.....................................361

苍耳 *Xanthium strumarium*.............362

黄鹌菜 *Youngia japonica*..................363

百合科 Liliaceae..............................364

粉条儿菜 *Aletris spicata* 364

开口箭 *Campylandra chinensis*........365

荞麦叶大百合

Cardiocrinum cathayanum 366

少花万寿竹 *Disporum uniflorum* 367

湖北贝母 *Fritillaria hupehensis* 368

萱草 *Hemerocallis fulva*...................369

紫萼 *Hosta ventricosa*.......................370

百合 *Lilium brownii* var. *viridulum* 371

卷丹 *Lilium tigrinum* 372

管花鹿药 *Maianthemum henryi*........373

多花黄精 *Polygonatum cyrtonema* 374

长梗黄精 *Polygonatum filipes*.........375

玉竹 *Polygonatum odoratum* 376

土茯苓 *Smilax glabra* 377

牛尾菜 *Smilax riparia* 378

石蒜科 Amaryllidaceae 379

中国石蒜 *Lycoris chinensis* 379

薯蓣科 Dioscoreaceae.......................380

穿龙薯蓣 *Dioscorea nipponica*........380

薯蓣 *Dioscorea polystachya* 381

灯心草科 Juncaceae..........................382

灯心草 *Juncus effusus* 382

野灯心草 *Juncus setchuensis*...........383

羽毛地杨梅 *Luzula plumosa* 384

鸭跖草科 Commelinaceae 385

饭包草 *Commelina benghalensis* 385

鸭跖草 *Commelina communis*.........386

裸花水竹叶 *Murdannia nudiflora* 387

禾本科 Poaceae 388

看麦娘 *Alopecurus aequalis* 388

茵草 *Beckmannia syzigachne* 389

疏花雀麦 *Bromus remotiflorus* 390

橘草 *Cymbopogon goeringii* 391

野青茅 *Deyeuxia pyramidalis* 392

马唐 *Digitaria sanguinalis*...............393

牛筋草 *Eleusine indica*.....................394

大白茅 *Imperata cylindrica* var. *major*

.....................................395

箬竹 *Indocalamus tessellatus*............396

淡竹叶 *Lophatherum gracile*............397

粟草 *Milium effusum* 398

芒 *Miscanthus sinensis* 399

求米草 *Oplismenus undulatifolius* 400

糠稷 *Panicum bisulcatum* 401

雀稗 *Paspalum thunbergii* 402

狼尾草 *Pennisetum alopecuroides* 403

显子草 *Phaenosperma globosum*......404

早熟禾 *Poa annua* 405

棒头草 *Polypogon fugax* 406

金色狗尾草 *Setaria pumila* 406

狗尾草 *Setaria viridis*.......................407

大油芒 *Spodiopogon sibiricus*..........408

天南星科 Araceae.............................409

石菖蒲 *Acorus tatarinowii* 409

一把伞南星 *Arisaema erubescens* 410

滴水珠 *Pinellia cordata*.....................411

半夏 *Pinellia ternata*.......................412

莎草科 Cyperaceae 413

碎米莎草 *Cyperus iria*.....................413

华东蔍草 *Scirpus karuizawensis* 413

玉山针蔺 *Trichophorum subcapitatum*

....414

兰科 Orchidaceae 415

无柱兰 *Amitostigma gracile* 415

独花兰 *Changnienia amoena* 416

天麻 *Gastrodia elata* 417

大花斑叶兰 *Goodyera biflora* 418

中文名索引 419

拉丁名索引 425

马尾松 *Pinus massoniana*

主要特征: 乔木,一般高 15 米。树皮红褐色,下部灰褐色,裂成鳞状块片。针叶 2 针一束,稀 3 针一束,两面有气孔线,边缘有细锯齿;叶鞘初呈褐色,后渐变成灰黑色,宿存。雄球花聚生于新枝下部苞腋;雌球花单生或 2~4 个聚生于新枝近顶端。球果卵圆形或圆锥状卵圆形,成熟前绿色,熟时栗褐色,陆续脱落;鳞盾菱形;种子长卵圆形。

| 生境 | 生于海拔 800 米以下的向阳山地。 |
| 分布 | 吴家山、桃花冲、薄刀峰、狮子峰等。 |

黄山松 *Pinus taiwanensis*

主要特征: 乔木,高可达 30 米。树皮深灰褐色,裂成鳞状厚块片或薄片;老树树冠平顶。一年生枝淡黄褐色或暗红褐色,不被白粉;冬芽深褐色,卵圆形或长卵圆形,顶端尖,微有树脂。针叶 2 针一束,稍硬直,两面有气孔线;横切面半圆形,叶鞘宿存。雄球花圆柱形,聚生于新枝下部成短穗状。球果卵圆形,几无梗,常宿存树上 6~7 年;种子倒卵状,具红褐色斑纹。

生境 生于海拔 800 米以上的向阳山坡。
分布 吴家山、桃花冲、薄刀峰、狮子峰等。

三尖杉 *Cephalotaxus fortunei*

主要特征： 乔木。树皮红褐色，裂成片状脱落。枝条较细长，稍下垂。叶排成两列，披针状条形，通常微弯，先端有渐尖的长尖头；初生叶镰状条形，下面有白色气孔带。雄球花 8~10 聚生成头状，基部及总花梗上部有 18~24 枚苞片，每一雄球花有 6~16 枚雄蕊，花药 3；雌球花的胚珠 3~8 枚发育成种子，总梗长 1.5~2 厘米。种子椭圆状卵形或近圆球形，长约 2.5 厘米，假种皮成熟时红紫色。

生境　生于海拔 600~1000 米的山地。
分布　挂天瀑、桃花溪。

巴山榧 *Torreya fargesii*

主要特征： 乔木，高达 12 米。叶条形，稀条状披针形，长 1.2~3 厘米，宽 2~3 毫米，中脉不隆起，气孔带较中脉带为窄。雄球花卵圆形，基部的苞片背部具纵脊，雄蕊常具 4 个花药，花丝短，药隔三角状，边具细缺齿。种子卵圆形、圆球形或宽椭圆形，径约 1.5 厘米，顶端具小凸尖，基部有宿存的苞片；骨质种皮的内壁平滑。

生境　生于海拔 900~1300 米的山地。
分布　挂天瀑、南武当、桃花溪、麒麟沟。

红毒茴 *Illicium lanceolatum*

主要特征：灌木或小乔木。树皮浅灰色至灰褐色。叶互生或稀疏地簇生于小枝近顶端，革质，披针形或倒卵状椭圆形。花腋生或近顶生，单生或 2~3 朵，深红色；花梗纤细；花被片 10~15，肉质，花被片椭圆形或长圆状倒卵形；雄蕊 6~11 枚，花药分离，药隔不明显截形，药室凸起。果梗长可达 6 厘米，蓇葖 10~14 枚轮状排列，直径 3.5~4 厘米，单个蓇葖顶端有一向后弯曲的钩状尖头。

生境 生于海拔 800~1100 米的阴湿狭谷和溪流沿岸。

分布 挂天瀑。

山核桃 *Carya cathayensis*

主要特征： 乔木，高达 10~20 米，胸径 30~60 厘米。树皮平滑，灰白色。新枝密被盾状着生的橙黄色腺体。复叶长 16~30 厘米，有小叶 5~7 枚，叶柄幼时被毛及腺体；侧生小叶对生，无柄，披针形，长 10~18 厘米。雄性葇荑花序 3 条成一束，雄蕊 2~7 枚；雌性穗状花序直立，花序轴密被腺体，具 1~3 雌花，雌花密被橙黄色腺体，外侧苞片显著较长，钻状线形。果实倒卵形，向基部渐狭，幼时具 4 狭翅状的纵棱。

生境 分布	生于海拔 900~1000 米的山地林缘。桃花溪。

化香树 *Platycarya strobilacea*

主要特征：落叶小乔木。树皮灰色，老时不规则纵裂。叶总柄显著短于叶轴，小叶纸质，对生或生于下端者偶尔有互生，卵状披针形至长椭圆状披针形，边缘有锯齿，顶生小叶具长约2~3 厘米的小叶柄，基部对称。雄花苞片阔卵形，顶端渐尖而向外弯曲，外面的下部、内面的上部及边缘生短柔毛，花丝短；雌花苞片卵状披针形。果实小坚果状，两侧具狭翅；种子卵形。

生境	生于海拔 600~1300 米的向阳山坡及杂木林中。
分布	吴家山、大崎山、横岗山。

枫杨 *Pterocarya stenoptera*

主要特征： 大乔木。小枝具灰黄色皮孔。芽具柄，密被锈褐色盾状着生的腺体。叶多为偶数或稀奇数羽状复叶，无小叶柄，近对生，顶端常钝圆或稀急尖，基部歪斜，边缘有向内弯的细锯齿，上面被有细小的浅色疣状突起，沿中脉及侧脉被有极短的星芒状毛。雌性葇荑花序顶生，花序轴密被星芒状毛及单毛。果实长椭圆形，基部常有宿存的星芒状毛；果翅狭，条形或阔条形。

| 生境 | 生于海拔 1000 米以下的沿溪涧河滩、阴湿山坡。 |
| 分布 | 桃花冲、横岗山。 |

雷公鹅耳枥 *Carpinus viminea*

主要特征： 乔木。树皮深灰色，密生白色皮孔。叶厚纸质，椭圆形、卵状披针形，基部圆楔形兼有微心形，有时两侧略不等，边缘具重锯齿，背面沿脉疏被长柔毛，有时脉腋间具稀少的髯毛；叶柄细长。果序下垂，序梗疏被短柔毛；果苞内外侧基部均具裂片。小坚果宽卵圆形。

生境分布 生于海拔 700~1000 米的山坡杂木林中。桃花溪。

茅栗 *Castanea seguinii*

主要特征： 小乔木或灌木。叶倒卵状椭圆形，长 6~14 厘米，顶部渐尖，基部楔尖至圆或耳垂状，基部对称至一侧偏斜，叶背有黄或灰白色鳞腺，幼嫩时沿叶背脉两侧有疏单毛；叶柄长 5~15 毫米。雄花序长 5~12 厘米，雄花簇有花 3~5 朵；雌花单生或生于混合花序的花序轴下部，每壳斗有雌花 3~5 朵，通常 1~3 朵发育结实，花柱 9 或 6 枚。壳斗外壁密生锐刺，成熟壳斗连刺径 3~5 厘米，宽略过于高，刺长 6~10 毫米。

生境	生于海拔 600~1200 米的山坡阔叶林或灌丛。
分布	吴家山、龟峰山、横岗山。

青冈 *Cyclobalanopsis glauca*

主要特征：常绿乔木，高达 20 米。叶片革质，倒卵状椭圆形，顶端渐尖或短尾状，基部圆形或宽楔形，叶缘中部以上有疏锯齿，侧脉每边 9~13 条，叶背支脉明显，叶背有整齐平伏白色单毛，常有白色鳞秕。雄花序长 5~6 厘米；果序长 1.5~3 厘米，着生果 2~3 个。壳斗碗形，包着坚果，被薄毛；小苞片合生成同心环带，排列紧密。坚果卵形或椭圆形。

生境 生于海拔 300~900 米的山坡或沟谷。

分布 龙潭、桃花溪。

枹栎 *Quercus serrata*

主要特征：落叶乔木，高达 25 米。树皮灰褐色，深纵裂。幼枝被柔毛；冬芽长卵形，长 5~7 毫米，芽鳞多数，棕色。叶片薄革质，倒卵形或倒卵状椭圆形，顶端渐尖或急尖，基部楔形或近圆形，叶缘有腺状锯齿，幼时被伏贴单毛，侧脉每边 7~12 条。雄花序长 8~12 厘米，花序轴密被白毛，雄蕊 8；雌花序长 1.5~3 厘米。壳斗杯状；小苞片长三角形。坚果卵形至卵圆形，果脐平坦。

生境	生于海拔 800~1200 米的山地或沟谷林中。
分布	吴家山、薄刀峰、大崎山。

栓皮栎 *Quercus variabilis*

主要特征:落叶乔木。树皮黑褐色,深纵裂,木栓层发达。芽圆锥形,芽鳞褐色,具缘毛。叶片卵状披针形或长椭圆形,顶端渐尖,基部圆形或宽楔形,叶缘具刺芒状锯齿,叶背密被灰白色星状绒毛,直达齿端。雄花序长达 14 厘米,花序轴密被褐色绒毛,花被 4~6 裂,雄蕊 10 枚或较多;雌花序生于新枝上端叶腋,小苞片钻形,反曲。坚果近球形或宽卵形,径约 1.5 厘米,顶端圆,果脐凸起。

生境	生于海拔 800 米以下的阳坡。
分布	吴家山、天马寨、薄刀峰、大崎山、三角山、横岗山。

朴树 *Celtis sinensis*

主要特征：落叶乔木。树皮平滑，灰色。一年枝被密毛。叶革质，宽卵形至狭卵形，长 3~10 厘米，中部以上边缘有浅锯齿，3 出脉；叶柄长 3~10 毫米。花杂性，1~3 朵生于当年枝的叶腋；花被片 4，被毛；雄蕊 4；柱头 2。核果近球形，直径 4~5 毫米，红褐色，果核有穴和突肋。

 生境 生于海拔 100~1500 米的路旁、山坡、林缘。

分布 挂天瀑、薄刀峰。

青檀 *Pteroceltis tatarinowii*

主要特征：乔木。树皮灰色或深灰色，不规则的长片状剥落，皮孔明显。叶纸质，宽卵形至长卵形，长 3~10 厘米，先端尾状渐尖，基部不对称，楔形、圆形或截形，边缘有不整齐的锯齿，基部 3 出脉，侧出的一对近直伸达叶的上部，侧脉 4~6 对，叶背淡绿，在脉上有短柔毛，脉腋有簇毛。翅果状坚果近圆形，直径 10~17 毫米，黄绿色或黄褐色，翅有放射线条纹，果实外面常有不规则的皱纹，有时具耳状附属物，花柱宿存。

生境 生于海拔 100~1500 米的山谷溪边石灰岩山地疏林中。

分布 龙潭。

杜仲 *Eucommia ulmoides*

主要特征： 落叶乔木。树皮灰褐色，粗糙，内含胶质，折断拉开有多数细丝。老枝有明显的皮孔。叶椭圆形，薄革质，先端渐尖，侧脉 6~9 对，边缘有锯齿。花生于当年枝基部，雄花无花被；苞片倒卵状匙形；雄蕊长约 1 厘米，药隔突出，花粉囊细长，无退化雌蕊；雌花单生，苞片倒卵形，子房 1 室，先端 2 裂。翅果长椭圆形，先端 2 裂，周围具薄翅。

生境 生于海拔 300~900 米的低山、谷地或低坡的疏林。

分布 狮子峰。

楮 *Broussonetia kazinoki*

主要特征： 灌木。叶卵形至斜卵形，先端渐尖至尾尖，基部近圆形或斜圆形，边缘锯齿，不裂或 3 裂，表面粗糙；叶柄长约 1 厘米；托叶小，线状披针形。花雌雄同株；雄花序球形头状，直径 8~10 毫米，雄花花被 3~4 裂，裂片三角形，雄蕊 3~4；雌花序球形，被柔毛，花被管状，顶端齿裂或近全缘。聚花果球形；瘦果扁球形，外果皮壳质，表面具瘤体。

| 生境 | 生于海拔 1200 米以下的山坡林缘、沟边。 |
| 分布 | 桃花冲、天马寨。 |

构树 *Broussonetia papyrifera*

主要特征: 乔木。叶螺旋状排列,卵形,先端渐尖,基部心形,两侧常不相等,边缘具粗锯齿,不分裂或 3~5 裂,表面粗糙,背面密被绒毛,基出 3 脉,侧脉 6~7 对。花雌雄异株;雄花序为葇荑花序,粗壮,长 3~8 厘米,苞片披针形,花被 4 裂,裂片三角状卵形,雄蕊 4,花药近球形,退化雌蕊小;雌花序球形头状,苞片棍棒状,花被管状子房卵圆形,柱头线形。聚花果熟时橙红色,肉质;瘦果表面有小瘤,外果皮壳质。

生境	生于低海拔的路边、林缘。
分布	挂天瀑、桃花冲、龟峰山、三角山、横岗山。

薜荔 *Ficus pumila*

主要特征:攀援或匍匐灌木。节上生不定根。叶卵状椭圆形，全缘；托叶 2，披针形，被毛。果单生叶腋，幼时被黄色短柔毛，成熟黄绿色或微红；雄花生榕果内壁口部，多数，有柄，排为数行，花被片 2~3，线形，雄蕊 2 枚，花丝短；花柱侧生，短；雌花生另一植株榕果内壁，花被片 4~5。瘦果近球形，有黏液。

生境 生于海拔 800 米以下的石壁、树上。
分布 龙潭、桃花溪、大崎山。

爬藤榕 *Ficus sarmentosa* var. *impressa*

主要特征:藤状灌木。小枝具纵槽。叶排为二列，近革质，卵形至长椭圆形，全缘，侧脉 7~9 对，背面突起，网脉成蜂窝状。榕果单生叶腋，球形或近球形，成熟紫黑色，无毛，苞片 3，三角形，榕果内壁散生刚毛，雄花、瘿花同生于一榕果内壁，雌花生于另一植株榕果内；雄花生内壁近口部，花被片 3~4；雄蕊 2 枚，花药有短尖，花丝极短；瘿花具柄，花被片 4，倒卵状匙形，花柱短，柱头浅漏斗形；雌花和瘿花相似。瘦果。

生境	生于海拔 800 米以下的石壁、树上。
分布	大崎山、横岗山。

葎草 *Humulus scandens*

主要特征：缠绕草本，具倒钩刺。叶纸质，肾状五角形，掌状 5~7 深裂，基部心形，边缘具锯齿；叶柄长 5~10 厘米。雄花小，黄绿色，圆锥花序，长 15~25 厘米；雌花序球果状，径约 5 毫米，苞片纸质，三角形，顶端渐尖，具白色绒毛；子房为苞片包围，柱头 2，伸出苞片外。瘦果成熟时露出苞片外。

生境	生于海拔 800 米以下的山坡、田边、路旁。
分布	广泛分布。

柘 *Maclura tricuspidata*

主要特征： 落叶灌木或小乔木，高可达 8 米。枝具硬棘刺。叶倒卵形，长 3~14 厘米，先端钝或渐尖，基部楔形或圆形，全缘，不裂或有时 3 裂，幼时两面有毛；叶柄长 5~20 毫米。花单性，雌雄异株，排列成头状花序；雄花苞片 2 或 4，花被片 4，雄蕊 4；雌花花被 4，花柱 1。聚花果近球形，直径约 2.5 厘米，红色；瘦果为宿存的肉质花被和苞片所包裹。

生境
分布

生于海拔 600 米以下的低山石灰岩丘陵的山坡、疏林及路旁。挂天瀑、龟峰山。

桑 *Morus alba*

主要特征: 乔木或灌木。树干具不规则浅纵裂。叶广卵形,先端渐尖或圆钝;托叶早落。花单性,生于芽鳞腋内,与叶同时生出;雄花序下垂,密被白色柔毛,花被片宽椭圆形,淡绿色;雌花序长 1~2 厘米,雌花无梗,花被片倒卵形,顶端圆钝,外面和边缘被毛,两侧紧抱子房,柱头2 裂,内面有乳头状突起。聚花果卵状椭圆形,成熟时红色或暗紫色。

生境 生于海拔 1200 米以下的湿润林缘、路边、河畔。

分布 挂天瀑、龟峰山、横岗山。

苎麻 *Boehmeria nivea*

主要特征: 亚灌木或灌木。叶互生;叶片草质,通常圆卵形或宽卵形,长6~15厘米;叶柄长2.5~9厘米;托叶分生,钻状披针形,背面被毛。圆锥花序腋生;雄团伞花序;雌团伞花序,有多数密集的雌花;雄花花被片4,狭椭圆形,合生至中部,雄蕊4;雌花花被椭圆形,外面有短柔毛,果期菱状倒披针形;柱头丝形。瘦果近球形,光滑。

生境	生于海拔200~1100米的山谷林边或草坡。
分布	挂天瀑、大崎山。

小赤麻 *Boehmeria spicata*

主要特征:多年生草本或亚灌木,常分枝。叶对生,薄草质,卵状菱形,顶端长骤尖,边缘每侧有 3~8 个大牙齿,侧脉 1~2 对;叶柄长 1~6 厘米。穗状花序单生叶腋,茎上部的为雌性,其下为雄性;雄花无梗,花被片(3~)4,椭圆形,下部合生;雄蕊(3~)4,花药近圆形;退化雌蕊椭圆形;雌花花被近狭椭圆形,果期呈菱状倒卵形或宽菱形。瘦果卵球形,长约 1.2 毫米,基部有短柄。

生境	生于海拔 1000 米以下的丘陵或低山草坡、石上、沟边。
分布	吴家山、龟峰山。

悬铃叶苎麻 *Boehmeria tricuspis*

主要特征:亚灌木或多年生草本。叶对生,稀互生;叶片纸质,扁五角形或扁圆卵形,长 8~12 厘米,上面有糙伏毛,下面密被短柔毛,侧脉 2 对。穗状花序单生叶腋,或同一植株的全为雌性,或茎上部雌性,其下为雄性;团伞花序;雄花花被片 4,椭圆形,雄蕊 4;退化雌蕊椭圆形;雌花花被椭圆形,外面有密柔毛,果期呈楔形至倒卵状菱形。

生境	生于海拔 500~1400 米的低山山谷疏林下、沟边或田边。
分布	挂天瀑、薄刀峰。

庐山楼梯草

Elatostema stewardii

主要特征：多年生草本，常具球形或卵球形珠芽。叶具短柄；叶片草质或薄纸质，斜椭圆状倒卵形，顶端骤尖，在宽侧耳形或圆形，边缘下部全缘，其上有牙齿，钟乳体明显，叶脉羽状，4~7 条。花序雌雄异株，单生叶腋，雄花序具短梗；花序苞片 5，外方 2 枚较大，顶端有长角状突起；雄花花被片 5，下部合生；雄蕊 5；退化雌蕊极小。雌花序托近长方形；苞片多数，三角形。瘦果卵球形，纵肋不明显。

| 生境 | 生于海拔 500~1400 米的山谷沟边或林下。 |
| 分布 | 挂天瀑、天马寨。 |

糯米团 *Gonostegia hirta*

主要特征：多年生草本。茎蔓生、铺地或渐升，长 50~100 厘米。叶对生；叶片草质或纸质，长 3~10 厘米，基出脉 3~5 条；叶柄长 1~4 毫米；托叶钻形。团伞花序腋生，通常两性，有时单性，雌雄异株；雄花花梗长 1~4 毫米；花被片 5，分生，倒披针形；雄蕊 5，花丝条形；退化雌蕊极小，圆锥状；雌花花被菱状狭卵形，有疏毛，果期呈卵形；柱头长约 3 毫米，有密毛。瘦果卵球形，有光泽。

生境 生于海拔 1000 米以下的低山林中、灌丛、沟边草地。

分布 挂天瀑、龟峰山。

珠芽艾麻 *Laportea bulbifera*

主要特征：多年生草本。根纺锤形。茎高40~80厘米，生短毛和少数螫毛；珠芽近球形，直径达5毫米。叶互生；叶片卵形或椭圆形，长8~13厘米，先端短渐尖，基部宽楔形或圆形，边缘密生小牙齿，下面疏生短毛和螫毛；叶柄长达6厘米，生螫毛。雌雄同株；雄花序腋生，长达4厘米，雄花花被片4~5；雌花序顶生，长达15厘米，雌花花被片4，不等大，子房最初直立，以后斜生，柱头丝形。

生境	生于海拔1000~1400米的山坡林下或林缘路边阴湿处。
分布	挂天瀑、麒麟沟。

花点草 *Nanocnide japonica*

主要特征:多年生小草本。茎直立,自基部分枝,下部多少匍匐,高 10~45 厘米。叶三角状卵形或近扇形,长 1.5~4 厘米。基出脉 3~5 条,次级脉与细脉呈二叉状分枝。雄花序为多回二歧聚伞花序,生于枝的顶部叶腋,疏松,具长梗;雌花序密集成团伞花序,具短梗;雄花具梗,花被 5 深裂,雄蕊 5 枚;雌花长约 1 毫米,不等 4 深裂。瘦果卵形,有疣点状突起。

生境 生于海拔 100~1200 米的山谷林下和石缝阴湿处。

分布 挂天瀑、大沟、仙人台。

齿叶矮冷水花 *Pilea peploides* var. *major*

主要特征：一年生小草本，常丛生。叶膜质，先端钝，基部常楔形或宽楔形，基出脉3条；叶柄纤细；托叶很小，三角形。雌雄同株，雌花序与雄花序常同生于叶腋；聚伞花序密集成头状，雄花序长3~10毫米；雄花具梗，花被片4，卵形；雌花具短梗，花被片2，不等大，在果时增厚。瘦果卵形，光滑。

生境	生于海拔950米以下的山坡石缝阴湿处或长苔藓的石上。
分布	桃花冲、仙人台。

粗齿冷水花 *Pilea sinofasciata*

主要特征：草本。茎肉质，高25~60厘米。叶对生，近等大；叶片卵形或椭圆形，长6~14厘米，先端长渐尖，基部宽楔形或近圆形，边缘在基部之上密生粗牙齿，钟乳体疏生，基生脉3条；叶柄长1~7厘米。通常雌雄异株。花序长达3厘米，分枝多；雄花直径约1.5毫米，花被片4，雄蕊4；雌花花被片3，卵形，柱头画笔头状。瘦果卵形，扁平，光滑。

生境	生于海拔1000米以下的山坡林下阴湿处。
分布	桃花溪。

青皮木 *Schoepfia jasminodora*

主要特征： 小乔木，高 3~10 米。叶纸质，卵形或卵状披针形，长 4~7 厘米，顶端渐尖或近尾尖，基部圆形或截形，全缘；具短叶柄。聚伞状总状花序腋生，长 2.5~5 厘米，通常具 2~4 朵花；花萼杯状，贴生于子房，宿存；花冠白色或淡黄色，钟形，顶端 4~5 裂，裂片小，外折，内面近花药处生一束丝状体；子房半下位，柱头 3 裂，常伸出于花冠外。核果椭圆形，长约 1 厘米，成熟时紫黑色。

生境 生于海拔 600~1000 米的溪边、林缘。
分布 大崎山、挂天瀑。

米面蓊 *Buckleya henryi*

主要特征：灌木，高 1~2.5 米，多分枝。叶薄膜质，顶端尾状渐尖，全缘，中脉稍隆起，侧脉不显，5~12 对。雄花浅黄棕色，花被裂片卵状长圆形，长约 2 毫米，雄蕊 4 枚，内藏；雌花单一，花被漏斗形，苞片 4 枚，披针形，花柱黄色。核果椭圆状或倒圆锥状，长 1.5 厘米，宿存苞片叶状，披针形，长 3~4 厘米，干膜质，有明显的羽脉；果柄细长，棒状，顶端有节。

| 生境 | 生于海拔 400~1000 米的林下、林缘。 |
| 分布 | 挂天瀑、龙潭、薄刀峰、桃花冲。 |

百蕊草 *Thesium chinense*

主要特征：多年生柔弱草本，高 15~40 厘米。茎细长，簇生，基部以上疏分枝，斜升，有纵沟。叶线形，具单脉。花单一，5 数，腋生；花梗短；花被绿白色，花被管呈管状，花被裂片顶端锐尖内弯，内面的微毛不明显；雄蕊不外伸；子房无柄。坚果椭圆状或近球形，淡绿色。

| 生境 | 生于海拔 900 米左右的石砾坡地。 |
| 分布 | 挂天瀑。 |

金线草 *Antenoron filiforme*

主要特征: 多年生草本。茎直立,具糙伏毛,有纵沟,节部膨大。叶椭圆形或长椭圆形,顶端短渐尖或急尖,基部楔形,全缘,两面均具糙伏毛;托叶鞘筒状,膜质,褐色,具短缘毛。总状花序呈穗状,花序轴延伸,花排列稀疏;花被4深裂,红色,花被片卵形,果时稍增大;雄蕊5;花柱2,果时伸长,硬化,顶端呈钩状,宿存,伸出花被之外。瘦果卵形,双凸镜状,褐色,有光泽。

生境 生于海拔100~1500米的山坡林缘、山谷路旁。

分布 麒麟沟、龟峰山。

何首乌 *Fallopia multiflora*

主要特征：多年生草本。块根肥厚，长椭圆形，黑褐色。茎缠绕，长 2~4 米，多分枝，具纵棱，微粗糙，下部木质化。叶卵形或长卵形，顶端渐尖，基部心形或近心形，两面粗糙，边缘全缘；托叶鞘膜质，偏斜。花序圆锥状，顶生或腋生，分枝开展，具细纵棱；花被 5 深裂，白色或淡绿色，花被片椭圆形，大小不相等，外面 3 片较大背部具翅；雄蕊 8，花丝下部较宽。瘦果卵形，具 3 棱，黑褐色，有光泽。

生境	生于低海拔的山谷灌丛、山坡林下、沟边石隙。
分布	吴家山、桃花冲、薄刀峰。

萹蓄 *Polygonum aviculare*

主要特征: 一年生草本。茎平卧、上升或直立，自基部多分枝，具纵棱。叶椭圆形、狭椭圆形或披针形，顶端钝圆或急尖，基部楔形，边缘全缘，两面无毛，下面侧脉明显；叶柄短，基部具关节。花单生或数朵簇生于叶腋；苞片薄膜质；花被5深裂，绿色，边缘白色或淡红色；雄蕊8，花丝基部扩展。瘦果卵形，具3棱，黑褐色，密被由小点组成的细条纹，无光泽。

生境 生于低海拔的田边路、沟边湿地。
分布 广泛分布。

蓼子草 *Polygonum criopolitanum*

主要特征： 一年生草本。茎自基部分枝，平卧，丛生，节部生根，被长糙伏毛及稀疏的腺毛。叶狭披针形或披针形，顶端急尖，基部狭楔形，两面被糙伏毛，边缘具缘毛及腺毛；叶柄极短。花序头状，顶生，花序梗密被腺毛；苞片卵形，密生糙伏毛，具长缘毛；花被5深裂，淡紫红色；雄蕊5，花药紫色；花柱2，中上部合生。瘦果椭圆形，双凸镜状，有光泽。

生境	生于低海拔的河滩沙地、沟边湿地。
分布	三角山。

稀花蓼 *Polygonum dissitiflorum*

主要特征： 一年生草本。茎直立或下部平卧，具稀疏的倒生短皮刺。叶卵状椭圆形，顶端渐尖，基部戟形或心形，边缘具短缘毛，下面沿中脉具倒生皮刺；托叶鞘膜质，长0.6~1.5厘米，偏斜，具短缘毛。花序圆锥状，花稀疏，间断，花序梗细，紫红色，密被紫红色腺毛；苞片漏斗状，包围花序轴，每苞内具1~2花；花被5深裂，淡红色；雄蕊7~8；花柱3，中下部合生。瘦果近球形，顶端微具3棱，包于宿存花被内。

生境	生于海拔500米以下的低山丘陵的山坡路旁和潮湿草丛。
分布	南武当、麒麟沟。

水蓼 *Polygonum hydropiper*

主要特征：一年生草本。茎直立，多分枝，无毛，节部膨大。叶披针形或椭圆状披针形，顶端渐尖，基部楔形，边缘全缘，具缘毛；托叶鞘筒状，膜质，褐色，顶端截形，具短缘毛。总状花序呈穗状；苞片漏斗状，绿色，边缘膜质，疏生短缘毛；花被绿色，上部白色或淡红色，被黄褐色透明腺点，花被片椭圆形；雄蕊 6，稀 8，比花被短。瘦果卵形，双凸镜状或具 3 棱，密被小点，黑褐色，无光泽。

生境 生于低海拔的河滩、水沟边、山谷湿地。
分布 大崎山、三角山、横岗山。

愉悦蓼 *Polygonum jucundum*

主要特征：一年生草本。茎直立，基部近平卧，多分枝。叶椭圆状披针形，两面疏生硬伏毛，顶端渐尖，基部楔形，边缘全缘，具短缘毛；叶柄长 3~6 毫米；托叶鞘膜质，淡褐色，筒状，疏生硬伏毛，顶端截形。总状花序呈穗状，长 3~6 厘米，花排列紧密；苞片漏斗状，绿色；花被 5 深裂，花被片长圆形；雄蕊 7~8；花柱 3，下部合生，柱头头状。瘦果卵形，具 3 棱，黑色，有光泽，长约 2.5 毫米。

生境	生于海拔 1000 米以下的山坡草地、山谷路旁及沟边湿地。
分布	大崎山。

小蓼花 *Polygonum muricatum*

主要特征:一年生草本。茎上升,多分枝,具纵棱,棱上有极稀疏的倒生短皮刺,基部近平卧。叶卵形或长圆状卵形,顶端渐尖或急尖,基部宽截形、圆形或近心形;托叶鞘筒状,膜质,长1~2厘米,具数条明显的脉,顶端截形,具长缘毛。总状花序呈穗状,极短,由数个穗状花序再组成圆锥状;每苞片内具2朵花;花被5深裂,白色或淡紫红色;雄蕊通常6~8,花柱3。

生境 分布 生于低山地区山坡路旁、草丛及沟边等湿地。龟峰山。

尼泊尔蓼 *Polygonum nepalense*

主要特征：一年生草本。茎外倾或斜上，自基部多分枝，在节部疏生腺毛。茎下部叶卵形或三角状卵形，顶端急尖，基部宽楔形，沿叶柄下延成翅，两面疏被刺毛，茎上部较小。花序头状，基部常具1叶状总苞片；花梗比苞片短；花被淡紫红色或白色，花被片长圆形，顶端圆钝；雄蕊5~6，花药暗紫色。瘦果宽卵形，双凸镜状，黑色，密生洼点。

生境	生于低海拔的山坡草地、山谷路旁。
分布	广泛分布。

红蓼 *Polygonum orientale*

主要特征：一年生草本。茎直立，粗壮，上部多分枝，密被开展的长柔毛。叶宽卵形、宽椭圆形或卵状披针形，微下延，边缘全缘，密生缘毛，叶脉上密生长柔毛。总状花序呈穗状，花紧密，微下垂，苞片宽漏斗状，草质，绿色，被短柔毛，边缘具长缘毛；花被5深裂，淡红色或白色；花被片椭圆形；雄蕊7，比花被长。瘦果近圆形，双凹，有光泽。

生境	生于低海拔的沟边湿地、村边路旁。
分布	三角山。

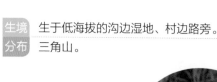

杠板归 *Polygonum perfoliatum*

主要特征: 一年生草本。茎攀援，多分枝，长 1~2 米，具纵棱，沿棱具稀疏的倒生皮刺。叶三角形，基部截形或微心形；叶柄与叶片近等长，具倒生皮刺，盾状着生于叶片的近基部；托叶鞘叶状，草质，绿色，穿叶直径 1.5~3 厘米。总状花序呈短穗状；苞片卵圆形，每苞片内具花 2~4 朵；花被 5 深裂，白色或淡红色，果时增大呈肉质，深蓝色；雄蕊 8，花柱 3。瘦果球形，黑色，有光泽。

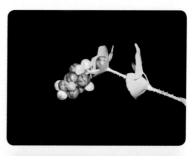

生境 生于低山地区路旁、荒坡和沟边。

分布 挂天瀑、大崎山、桃花冲。

丛枝蓼 *Polygonum posumbu*

生境分布 生于低山和丘陵地区的林下、沟边、路旁等阴湿处。龙潭。

主要特征：一年生草本。茎平卧或斜生，细弱，近基部多分枝。叶柄极短，疏生长柔毛；叶宽披针形或卵状披针形，长5~8厘米，顶端尾状渐尖，基部狭窄；托叶鞘筒状，膜质，长5~8毫米，边缘生长睫毛。花序穗状，细弱，稀疏，花序下部间断；苞片漏斗状，绿色，有睫毛；花粉红色或白色；花被5深裂，裂片长约2毫米；雄蕊通常8。瘦果卵形，有3棱，黑色，光亮。

刺蓼 *Polygonum senticosum*

主要特征:多年生草本。茎攀援，多分枝，被短柔毛，四棱形，沿棱具倒生皮刺。叶片长三角形，顶端渐尖，基部戟形，两面被短柔毛；托叶鞘筒状，边缘具叶状翅，翅肾圆形，草质，绿色，具短缘毛。花序头状，花序梗分枝，密被短腺毛；苞片长卵形，淡绿色，边缘膜质，具短缘毛；花被5深裂，淡红色，椭圆形；雄蕊8，成2轮。瘦果近球形，微具3棱，黑褐色，无光泽，长2.5~3毫米。

生境 生于海拔120~1500米的山坡、山谷及林下。

分布 大崎山、天马寨。

支柱蓼 *Polygonum suffultum*

主要特征:多年生草本。根状茎粗壮，通常呈念珠状，黑褐色，茎直立或斜上，细弱。基生叶卵形或长卵形，顶端渐尖，全缘，疏生短缘毛，两面疏生短柔毛；茎生叶卵形。总状花序呈穗状，紧密；花被5深裂，白色或淡红色，倒卵形；雄蕊8，比花被长。瘦果宽椭圆形，具3锐棱，黄褐色，有光泽。

生境 生于海拔1200米左右的山坡路旁、林下湿地及沟边。

分布 南武当。

戟叶蓼 *Polygonum thunbergii*

主要特征：一年生草本。茎直立或上升，具纵棱，沿棱具倒生皮刺，基部外倾，节部生根。叶戟形，顶端渐尖，基部截形或近心形，两面疏生刺毛。花序头状，顶生或腋生，分枝，花序梗具腺毛及短柔毛；苞片披针形，顶端渐尖，边缘具缘毛；花被5深裂，淡红色或白色，花被片椭圆形；雄蕊8，成2轮，比花被短。瘦果宽卵形，具3棱，黄褐色，无光泽。

生境　生于海拔 90~2400 米的山谷湿地、山坡草丛。

分布　挂天瀑、麒麟沟。

虎杖 *Reynoutria japonica*

主要特征：多年生草本。根状茎粗壮，横走。茎直立，粗壮，空心，具明显的纵棱，具小突起。叶宽卵形或卵状椭圆形，近革质，顶端渐尖，基部宽楔形或近圆形，边缘全缘，沿叶脉具小突起。花单性，雌雄异株，花序圆锥状，腋生；花被5深裂，淡绿色，雄花花被片具绿色中脉，无翅，雄蕊8，比花被长；雌花花被片外面3片背部具翅，果时增大，翅扩展下延。瘦果卵形，具3棱。

生境	生于海拔1000米以下的山坡灌丛、山谷、路旁、田边湿地。
分布	挂天瀑、大崎山。

酸模 *Rumex acetosa*

主要特征：多年生草本。具深沟槽，通常不分枝。基生叶和茎下部叶箭形，顶端急尖或圆钝，基部裂片急尖，微波状。花序狭圆锥状，顶生，分枝稀疏；花单性，雌雄异株；花梗中部具关节；花被片6，成2轮，雄花内花被片椭圆形，外花被片较小；雌花内花被片果时增大，近圆形，基部心形，网脉明显，外花被片椭圆形，反折。瘦果椭圆形，具3锐棱，两端尖，黑褐色，有光泽。

| 生境 | 生于海拔400~1100米的山坡、林缘、沟边、路旁。 |
| 分布 | 挂天瀑、狮子峰。 |

羊蹄 *Rumex japonicus*

主要特征：多年生草本。茎直立，上部分枝，具沟槽。基生叶长圆形或披针状长圆形，顶端急尖，基部圆形或心形，边缘微波状；茎上部叶狭长圆形；托叶鞘膜质，易破裂。花序圆锥状，花两性，多花轮生；花梗细长，中下部具关节；花被片 6，淡绿色，外花被片椭圆形，内花被片果时增大，顶端渐尖，基部心形，网脉明显，边缘具不整齐的小齿。瘦果宽卵形，具 3 锐棱，两端尖，有光泽。

生境	生于低海拔的田边路旁、河滩、沟边湿地。
分布	三角山。

商陆 *Phytolacca acinosa*

主要特征：多年生草本，高 0.5~1.5 米。茎直立，绿色或红紫色。叶椭圆形，有白色斑点，背中脉凸起。总状花序顶生或与叶对生，圆柱状直立，密生多花；花梗基部苞片线形；花梗基部变粗；花两性；花被 5，椭圆，顶端圆钝，花后反折；雄蕊 8~10，花丝宿存，花药椭圆形；心皮常为 8，分离；花柱短，顶端下弯，柱头不明显。果序直立；浆果扁球形，熟时黑色；种子肾形，黑色，具 3 棱。

生境	生于海拔 500~1000 米的沟谷、山坡林下、林缘路旁。
分布	挂天瀑、大崎山。

粟米草 *Mollugo stricta*

主要特征：一年生草本，高 10~30 厘米。茎铺散，多分枝。基生叶成莲花状叶丛，矩圆状披针形至匙形；茎生叶常 3~5 成假轮生或对生，披针形或条状披针形，长 1.5~3 厘米，近无柄。二歧聚伞花序顶生或和叶对生；花梗长 2~6 毫米；萼片 5，宿存，椭圆形或近圆形；无花瓣；雄蕊 3；子房上位，心皮 3，3 室。蒴果宽椭圆形或近球形，长约 2 毫米，3 瓣裂；种子多数，肾形，栗黄色，有多数粒状突起，无种阜。

生境	生于海拔 800 米以下的空旷荒地、农田。
分布	桃花冲、狮子峰。

马齿苋 *Portulaca oleracea*

主要特征：一年生草本。茎平卧或斜倚，伏地铺散，多分枝，圆柱形。叶互生，叶片扁平，肥厚，倒卵形，马齿状，顶端圆钝或平截，有时微凹，基部楔形，全缘；叶柄粗短。花无梗，常 3~5 朵簇生枝端，午时盛开；花瓣 5，稀 4，黄色，倒卵形，顶端微凹，基部合生；雄蕊通常 8 或更多，长约 12 毫米。蒴果卵球形，盖裂；种子细小，多数，偏斜球形，黑褐色，有光泽。

生境	生于海拔 900 米以下的田间路旁。
分布	龟峰山、横岗山。

无心菜 *Arenaria serpyllifolia*

主要特征：一年生或二年生草本，高 10~30 厘米。茎丛生，密生白色短柔毛。叶片卵形，基部狭，无柄，边缘具缘毛，顶端急尖，下面具 3 脉。聚伞花序多花；苞片草质，卵形，通常密生柔毛；花梗长约 1 厘米，纤细；萼片 5，披针形，长 3~4 毫米，边缘膜质，顶端尖，外面被柔毛，具显著的 3 脉；花瓣 5，白色，倒卵形；雄蕊 10；花柱 3。蒴果卵圆形，顶端 6 裂；种子小，肾形，表面粗糙，淡褐色。

生境 生于海拔 300~1000 米的荒地、山坡草地、田野等湿地。
分布 广泛分布。

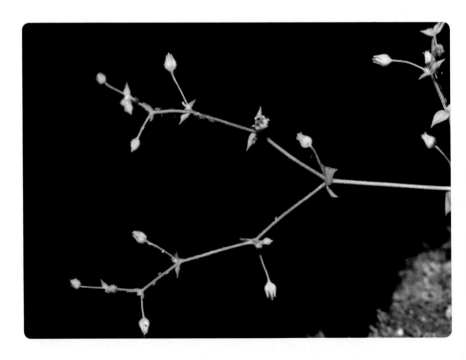

球序卷耳 *Cerastium glomeratum*

主要特征：一年生草本，高 10~20 厘米。聚伞花序呈簇生状或呈头状；花序轴密被腺柔毛；萼片 5，披针形，顶端尖，外面密被长腺毛，边缘狭膜质；花瓣 5，白色，线状长圆形，顶端 2 浅裂，基部被疏柔毛；雄蕊明显短于萼；花柱 5。蒴果长圆柱形，种子褐色，扁三角形，具疣状突起。

生境 生于海拔 300~1300 米的河滩、草地、撂荒地。

分布 广泛分布。

瞿麦 *Dianthus superbus*

主要特征： 多年生草本，高50~60厘米。花生枝端；苞片2~3对，倒卵形，顶端长尖；花萼圆筒形，常染紫红色晕，萼齿披针形，包于萼筒内，边缘细裂至中部，喉部具丝毛状鳞片；雄蕊和花柱微外露。蒴果圆筒形，顶端4裂；种子扁卵圆形，黑色，有光泽。

生境	生于海拔400~1000米的丘陵山地疏林下、林缘、草甸、沟谷溪边。
分布	挂天瀑、桃花冲。

鹅肠菜 *Myosoton aquaticum*

主要特征： 二年生或多年生草本。顶生二歧聚伞花序；苞片叶状，边缘具腺毛；花梗细，花后伸长并下弯，密被腺毛；萼片卵状披针形或长卵形，顶端较钝，边缘狭膜质，外面被腺柔毛；花瓣白色，2 裂，雄蕊 10，子房长圆形，花柱短，线形。蒴果卵圆形，稍长于宿萼；种子近肾形，褐色，具小疣。

生境 生于海拔 350~1000 米的河流低湿处、灌丛林缘、水沟旁。
分布 桃花冲。

孩儿参 *Pseudostellaria heterophylla*

主要特征： 多年生草本。块根长纺锤形，白色，稍带灰黄。茎直立，单生，被2列短毛。腋生或呈聚伞花序；萼片5，狭披针形，顶端渐尖，外面及边缘疏生柔毛；花瓣5，顶端2浅裂；雄蕊10，短于花瓣；子房卵形，花柱3。蒴果宽卵形，含少数种子；种子褐色，扁圆形，具疣状突起。

生境 生于海拔800~1000米的山谷林下阴湿处。

分布 天马寨、大沟、南武当。

漆姑草 *Sagina japonica*

主要特征：一年生小草本。茎丛生，稍铺散。叶片线形，顶端急尖。花小形，单生枝端；花梗细；萼片 5，顶端尖或钝，外面疏生短腺柔毛，边缘膜质；花瓣 5，全缘；雄蕊 5，子房卵圆形，花柱 5，线形。蒴果卵圆形，5 瓣裂；种子圆肾形，表面具尖瘤状突起。

生境 生于海拔 600~1000 米的河岸沙质地、撂荒地或路旁草地。

分布 桃花冲、薄刀峰、狮子峰。

女娄菜 *Silene aprica*

主要特征：直立草本。苞片披针形，草质，渐尖，具缘毛；花萼卵状钟形，纵脉绿色，萼齿三角状披针形，边缘膜质，具缘毛；花瓣片倒卵形，2裂；副花冠片舌状；雄蕊和花柱不外露，基部具短毛。蒴果卵形，种子圆肾形，灰褐色，肥厚，具小瘤。

生境 生于海拔 1200 米以下的山坡或旷野路旁草丛。

分布 吴家山、桃花冲。

蝇子草 *Silene gallica*

主要特征：一年生草本，高 15~45 厘米，全株被柔毛和腺毛。叶片长圆状匙形或披针形，长 1.5~3 厘米，顶端圆钝。单歧式总状花序；苞片披针形，草质，长达 10 毫米；花萼卵形，长约 8 毫米，纵脉顶端多少连结；花瓣淡红色至白色，爪倒披针形，无耳；副花冠片小，线状披针形；雄蕊不外露，花丝下部具缘毛。蒴果卵形，长 6~7 毫米；种子肾形，两侧耳状凹，暗褐色。

生境 生于海拔 300~1200 米的山坡草丛或林下石缝处。

分布 吴家山、桃花冲。

57

雀舌草 *Stellaria alsine*

主要特征: 二年生草本。聚伞花序通常
具 3~5 花，花梗细，果时稍下弯，萼
片 5，披针形，顶端渐尖，边缘膜质，
中脉明显，花瓣 5，白色，2 深裂几达
基部，钝头;雄蕊 5 (~10);子房卵形，
花柱 3，短线形。蒴果卵圆形，6 齿裂，
种子肾形，微扁，褐色，具皱纹状突起。

生境	生于低海拔的田间、溪岸以及潮湿地。
分布	吴家山、天马寨、桃花冲。

中国繁缕 *Stellaria chinensis*

主要特征：多年生草本，高 30～100 厘米。茎细弱，铺散或上升，具 4 棱。叶片卵形至卵状披针形，长 3～4 厘米，下面中脉明显凸起。聚伞花序疏散，具细长花序梗；苞片膜质；萼片 5，披针形，长 3～4 毫米，顶端渐尖；花瓣 5，白色，2 深裂；雄蕊 10，稍短于花瓣；花柱 3。蒴果卵圆形，6 齿裂；种子卵圆形，褐色，具乳头状突起。

生境 生于海拔 500～1500 米的灌丛或林下、石缝或湿地处。
分布 吴家山、大崎山。

繁缕 *Stellaria media*

主要特征：一年生或二年生草本。茎俯卧或上升。叶片宽卵形或卵形。疏聚伞花序顶生；花梗细弱，具 1 列短毛，花后伸长，下垂；萼片 5，卵状披针形，边缘宽膜质，外面被短腺毛；花瓣白色，深 2 裂达基部；雄蕊 3~5，短于花瓣；花柱 3，线形。蒴果卵形，顶端 6 裂，表面具半球形瘤状突起。

生境	生于海拔 900 米以下的田边路旁。
分布	广泛分布。

沼生繁缕 *Stellaria palustris*

主要特征:多年生草本。二歧聚伞花序;苞片披针形，边缘白色，膜质;萼片顶端渐尖，边缘膜质，下面 3 脉明显;花瓣白色，2 深裂，裂片近线形，基部稍狭;雄蕊 10;子房卵形;花柱 3，丝状，长 3 毫米。蒴果卵状长圆形;种子细小，近圆形，稍扁，表面具明显的皱纹状突起。

| 生境 | 生于海拔 1000~1600 米的山坡草地或山谷湿润处。 |
| 分布 | 薄刀峰、南武当。 |

牛膝 *Achyranthes bidentata*

主要特征: 多年生草本,高 70~120 厘米。茎有棱角,节部膝状膨大,有分枝。叶卵形或椭圆状披针形,长 4.5~12 厘米,两面有柔毛;叶柄长 0.5~3 厘米。穗状花序,花后总花梗伸长,花向下折而贴近总花梗;苞片宽卵形,顶端渐尖,小苞片贴生于萼片基部,刺状,基部有卵形小裂片;花被片 5,绿色;雄蕊 5,基部合生,退化雄蕊顶端平圆,波状。胞果矩圆形,长 2~2.5 毫米。

生境	生于海拔 900 米以下的山坡、路旁、林下。
分布	挂天瀑、薄刀峰、麒麟沟。

天女花 *Oyama sieboldii*

主要特征: 落叶小乔木，高可达 10 米。叶膜质，倒卵形，被白色平伏长毛，具托叶痕。花叶同期，白色，芳香，杯状；花被片 9，外轮 3 片长圆状倒卵形或倒卵形，内两轮 6 片，较狭小，基部渐狭成短爪；雄蕊紫红色。聚合果熟时红色；蓇葖狭椭圆体形，长约 1 厘米。

生境 生于海拔 1500 米左右的山地。
分布 天堂寨、薄刀峰。

望春玉兰 *Yulania biondii*

主要特征：落叶乔木。顶芽卵圆形或宽卵圆形，密被淡黄色长柔毛。叶椭圆状披针形或狭倒卵形，长 10~18 厘米；侧脉每边 10~5 条；叶柄长 1~2 厘米，托叶痕为叶柄长的 1/5~1/3。花先叶开放，直径 6~8 厘米，芳香；花被 9，外轮 3 片紫红色，近狭倒卵状条形，长约 1 厘米，中内两轮近匙形，白色，外面基部常紫红色，长 4~5 厘米；雄蕊紫色；雌蕊群长 1.5~2 厘米。聚合果圆柱形，长 8~14 厘米，常因部分不育而扭曲；种子心形，顶端凹陷。

生境 生于海拔 600~800 米的山林。
分布 万花坪。

罗田玉兰 *Yulania pilocarpa*

主要特征：落叶乔木。树皮灰褐色。叶纸质，倒卵形，长 10~17 厘米，先端宽圆稍凹缺，具短急尖，基部楔形，侧脉每边 9~11 条；托叶痕约为叶柄长之半。花先叶开放，花蕾卵圆形，长约 3 厘米，外被黄色长柔毛，花被片 9，外轮 3 片黄绿色，膜质，萼片状，锐三角形，长 0.7~3 厘米，内两轮 6 片，白色，肉质，近匙形，长 7~10 厘米；雄蕊多数；雌蕊群椭圆形，长约 2 厘米。聚合果圆柱形，长 10~20 厘米；种子豆形或倒卵圆形，外种皮红色，内种皮黑色。

生境	生于海拔 500~1500 米的林间。
分布	天堂寨、狮子峰。

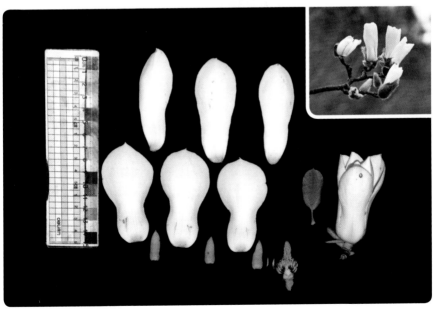

南五味子 *Kadsura longipedunculata*

主要特征：木质藤本。叶长圆状披针形、倒卵状披针形或卵状长圆形，边有疏齿，侧脉每边 5~7 条；上面具淡褐色透明腺点。花单生叶腋，雌雄异株。雄花：花被片白色或淡黄色，8~17 片；花托椭圆体形，不凸出雄蕊群外；雄蕊群球形，具雄蕊 30~70 枚。雌花：雌蕊群椭圆体形或球形，直径约 10 毫米，具雌蕊 40~60 枚；花柱具盾状心形的柱头冠，胚珠 3~5 叠生于腹缝线上。花梗长 3~13 厘米。聚合果球形，径 1.5~3.5 厘米。

生境	生于海拔 800 米以下的山麓、坡地或谷沟两侧林缘。
分布	大崎山、麒麟沟。

华中五味子 *Schisandra sphenanthera*

主要特征: 落叶木质藤本。叶纸质,有白色点,部分边缘具波状齿,上面中脉稍凹入,侧脉网脉密致。花被片 5~9,橙黄色,椭圆形或长圆状倒卵形,中轮的长 6~12 毫米,具缘毛,背面有腺点;雄蕊 11~23,雄蕊群倒卵圆形;花托顶端伸长,无盾状附属物;雌蕊群卵球形,雌蕊 30~60 枚,子房近镰刀状椭圆形。聚合果;种子长圆体形或肾形。

生境 生于海拔 600~1500 米的湿润山坡边或灌丛。

分布 挂天瀑、大崎山。

山胡椒 *Lindera glauca*

主要特征：落叶灌木或小乔木，高可达 8 米。树皮平滑，灰白色。叶互生，宽椭圆形、椭圆形、倒卵形到狭倒卵形，被白色柔毛，纸质，羽状脉，侧脉每侧（4）5~6 条；叶枯后不落，翌年新叶发出时落下。伞形花序腋生；雄花花被片黄色，椭圆形，外面在背脊部被柔毛；雌花花被片黄色，椭圆或倒卵形；退化雄蕊条形，子房椭圆形，熟时黑褐色。

生境	生于海拔 900 米以下的山坡、林缘、路旁。
分布	挂天瀑、桃花冲。

三桠乌药 *Lindera obtusiloba*

主要特征: 落叶乔木或灌木。芽卵形，外鳞片 3，革质，黄褐色，无毛；内鳞片 3，有淡棕黄色厚绢毛。叶互生，近圆形，先端急尖，常明显 3 裂；多为 3 出脉，网脉明显。花芽内有花序 5~6，混合芽内有花序 1~2；总苞片 4，膜质，内有花 5 朵；雄花花被片 6，能育雄蕊 9，第三轮基部有 2 个具长柄和角突的腺体；雌花花被片 6。果广椭圆形，红色转紫黑色。

| 生境 | 生于海拔 1300 米以下的山谷、密林灌丛。 |
| 分布 | 挂天瀑、桃花冲。 |

大果山胡椒 *Lindera praecox*

主要特征： 落叶灌木，高可达 4 米。树皮黑灰色。叶互生，卵形或椭圆形，先端渐尖，基部宽楔形，羽状脉，通常每边 4 条。伞形花序生于叶芽两侧，总苞片 4，红色，内有花 5 朵。雌花花被片广椭圆形，外轮长 1.5 毫米，内面毛较密；退化雄蕊条形，第三轮基部着生 2 个具长柄肾形腺体；雌蕊柱头稍盘状膨大，红褐色。果球形，直径可达 1.5 厘米，成熟时黄褐色；果梗长 7~10 毫米，有皮孔。

生境	生于海拔 1200 米以下的低山灌丛。
分布	桃花溪。

山橿 *Lindera reflexa*

主要特征：落叶灌木或小乔木。树皮棕褐色，有纵裂及斑点。叶互生，通常卵形或倒卵状椭圆形，先端渐尖，基部圆或宽楔形，纸质，伞形花序着生于叶芽两侧各一，具总梗，密被红褐色微柔毛，果时脱落；总苞片 4，花被片 6，黄色，椭圆形，近等长，雌花花梗密被白柔毛；花被片黄色，宽矩圆形，外轮略小，外面在背脊部被白柔毛，内面被稀疏柔毛；退化雄蕊条形；子房椭圆形，花柱与子房等长，柱头盘状。果球形，熟时红色。

| 生境 | 生于海拔约 1000 米以下的山谷、山坡林下或灌丛。 |
| 分布 | 吴家山、桃花冲。 |

黄丹木姜子 *Litsea elongata*

主要特征: 常绿小乔木。树皮灰黄色或褐色。顶芽卵圆形,鳞片外面被丝状短柔毛。叶互生,先端钝或短渐尖,基部楔形或近圆,革质,下面沿中脉及侧脉有长柔毛,羽状脉,叶柄密被褐色绒毛。伞形花序单生,少簇生;总梗通常较粗短,密被褐色绒毛;花梗被丝状长柔毛;花被卵形,外面中肋有丝状长柔毛,腺体圆形;子房卵圆形,花柱粗壮,柱头盘状。果长圆形。

生境	生于海拔 500~1100 米的山坡路旁、溪旁、杂木林。
分布	挂天瀑、天堂寨。

薄叶润楠 *Machilus leptophylla*

主要特征：高大乔木。树皮灰褐色。枝粗壮，暗褐色。顶芽近球形。叶互生或在当年生枝上轮生，倒卵状长圆形，坚纸质。圆锥花序聚生嫩枝的基部，总梗、分枝和花梗略具微细灰色微柔毛；花被裂片有透明油腺，长圆状椭圆形，先端急尖，花后平展，背上有粉质柔毛，内面有很稀疏的小柔毛。果球形，直径约 1 厘米；果梗长 5~10 毫米。

生境 生于海拔 450~1200 米的阴坡谷地混交林中。

分布 龙潭、桃花溪、三省垴。

瓜叶乌头 *Aconitum hemsleyanum*

主要特征: 草质藤本。块根圆锥形。茎缠绕,常带紫色。茎中部的叶片五角形或卵状五角形,基部心形,3 深裂。总状花序生茎或分枝顶端,有 2~6(~12)朵花;花梗常下垂,长 2.2~6 厘米;萼片深蓝色,上萼片高盔形或圆筒状盔形,几无爪,高 2~2.4 厘米,喙不明显;花瓣片长约 10 毫米,唇长 5 毫米,距长约 2 毫米,后弯;雄蕊花丝有 2 小齿或全缘;心皮 5。种子三棱形,沿棱有狭翅并有横膜翅。

| 生境 | 生于海拔 1200 米以上的山地林下或灌丛。 |
| 分布 | 挂天瀑、龟峰山。 |

鹅掌草 *Anemone flaccida*

主要特征： 多年生草本，植株高 15~40 厘米。基生叶 1~2，有长柄；叶片薄草质，五角形，基部深心形，3 全裂，中全裂片菱形，3 裂，末回裂片卵形或宽披针形，表面有疏毛。花葶只在上部有疏柔毛；苞片 3，似基生叶，无柄，不等大，菱状三角形或菱形，3 深裂；萼片 5，白色，倒卵形或椭圆形，顶端钝或圆形，外面有疏柔毛；雄蕊长约萼片之半，花药椭圆形。

| 生境 | 生于海拔 1200 米以下的山地谷中草地或林下。 |
| 分布 | 挂天瀑、天堂寨。 |

山木通 *Clematis finetiana*

主要特征： 木质藤本。茎圆柱形，有纵条纹，小枝有棱。三出复叶。花常单生或为聚伞花序、总状聚伞花序，有 1~3（~7）花，少数 7 朵以上而成圆锥状聚伞花序；萼片 4（~6），开展，白色，狭椭圆形或披针形，长 0.8~2.5 厘米，外面边缘密生短绒毛；雄蕊药隔明显。瘦果镰刀状狭卵形，长约 5 毫米，宿存花柱长达 3 厘米，有黄褐色长柔毛。

生境 生于海拔 800 米以下的山坡疏林、溪边及路旁灌丛。
分布 挂天瀑。

圆锥铁线莲 *Clematis terniflora*

主要特征：木质藤本。一回羽状复叶，通常
5 小叶，小叶片狭卵形至宽卵形，顶端钝或
锐尖，基部圆形、浅心形或为楔形，全缘，
下面网脉凸出。圆锥状聚伞花序多花，长
5~15 厘米，较开展，花直径 1.5~3 厘米；
萼片通常 4，开展，白色，边缘密生绒毛。
瘦果橙黄色，常 5~7 个，倒卵形至宽椭圆形，
扁，长 5~9 毫米，边缘凸出，有贴伏柔毛，
宿存花柱长达 4 厘米。

生境	生于海拔 500 米以下的山地林缘或路边草丛。
分布	狮子峰。

獐耳细辛 *Hepatica nobilis* var. *asiatica*

主要特征：多年生草本。基生叶 3~6，有长柄；叶片正三角状宽卵形，基部深心形，3 裂至中部，裂片宽卵形，全缘，顶端微钝，有时有短尖头，有稀疏的柔毛。花葶 1~6 条，有长柔毛；苞片 3，卵形或椭圆状卵形，顶端急尖或微钝，全缘，背面稍密被长柔毛；萼片 6~11，粉红色或堇色，狭长圆形，顶端钝；雄蕊长 2~6 毫米，花药椭圆形。瘦果卵球形，有长柔毛和短宿存花柱。

生境	生于海拔 1000 米左右的山地杂木林内或草坡石下阴处。
分布	南武当、天马寨、龟峰山。

白头翁 *Pulsatilla chinensis*

主要特征：多年生草本，全株多被长柔毛。基生叶 4~5，叶片宽卵形，3 全裂，中全裂片 3 深裂，全缘或有齿。花葶 1~2，苞片 3，基部合成长筒，3 深裂；萼片蓝紫色，长圆状卵形，长 3~4.5 厘米；雄蕊长约为萼片之半。瘦果纺锤形，宿存花柱长 3.5~6.5 厘米，有向上斜展的长柔毛。

生境 生于海拔 900~1500 米的低山山坡草丛中。

分布 薄刀峰、天马寨、仙人台。

茴茴蒜 *Ranunculus chinensis*

主要特征： 一年生草本。叶片宽卵形至三角形，小叶2~3深裂，裂片倒披针状楔形，两面伏生糙毛，小叶柄长1~2厘米或侧生小叶柄较短，生开展的糙毛。花序有较多疏生的花；花直径6~12毫米；花瓣5，宽卵圆形，黄色或上面白色，基部有短爪；花托在果期显著伸长，圆柱形，长达1厘米，密生白短毛。聚合果长圆形，直径6~10毫米；瘦果扁平，喙极短，呈点状。

生境 生于低海拔的溪边、田旁的湿草地。
分布 大崎山、三角山。

石龙芮 *Ranunculus sceleratus*

主要特征： 一年生草本。茎直立，上部多分枝。基生叶多数；叶片肾状圆形，长 1~4 厘米，裂片倒卵状楔形；叶柄长 3~15 厘米。聚伞花序有多数花；花直径 4~8 毫米；花梗长 1~2 厘米；花瓣 5，倒卵形，基部有短爪，蜜槽呈棱状袋穴；雄蕊 10 多枚，花药卵形；花托在果期伸长增大呈圆柱形。聚合果长圆形；瘦果极多数，倒卵球形，喙短。

| 生境 | 生于低海拔的河沟边及平原湿地。 |
| 分布 | 大崎山、三角山。 |

扬子毛茛 *Ranunculus sieboldii*

主要特征： 多年生草本。茎铺散，斜升。三出复叶，叶片圆肾形至宽卵形，基部心形，边缘有锯齿；叶柄较短。花与叶对生；萼片狭卵形，花期向下反折，迟落；花瓣 5，黄色或上面变白色，狭倒卵形至椭圆形，有 5~9 条或深色脉纹，下部渐窄成长爪，蜜槽小鳞片位于爪的基部；雄蕊 20 余枚，花药长约 2 毫米；花托粗短，密生白柔毛。聚合果圆球形；瘦果扁平，边缘有宽棱，喙成锥状外弯。

生境 生于低海拔的山坡林边、路边。
分布 大崎山。

天葵 *Semiaquilegia adoxoides*

主要特征：小草本。块根外皮棕黑色。茎 1~5 条，高 10~30 厘米，分歧。基生叶为掌状三出复叶；小叶 3 深裂，深裂片又有 2~3 个小裂片；叶柄基部扩大呈鞘状。花直径 4~6 毫米；苞片小；花梗纤细；萼片白色，常带淡紫色，顶端急尖；花瓣匙形，基部凸起呈囊状；雄蕊退化，约 2 枚。蓇葖卵状，表面具凸起的横向脉纹，种子椭圆形，表面有许多小瘤状突起。

生境	生于海拔 100~1000 米间的疏林下、路旁或山谷地。
分布	吴家山、天马寨、薄刀峰。

华东唐松草 *Thalictrum fortunei*

主要特征：多年生草本。基生叶有长柄；小叶草质，背面粉绿色，顶生小叶近圆形，边缘有浅圆齿，侧生小叶脉网明显；叶柄细，基部有短鞘，托叶膜质，全缘。复单歧聚伞花序圆锥状；花梗丝形；萼片 4，白色或淡堇色，倒卵形；花药椭圆形；心皮 3~6，子房长圆形，花柱短，直或顶端弯曲。瘦果无柄，圆柱状长圆形。

生境	生于海拔 100~1500 米间丘陵、山地林下或较阴湿处。
分布	挂天瀑、大沟。

安徽小檗 *Berberis anhweiensis*

主要特征: 落叶灌木。幼枝有纵棱，老枝黄色，有黑色小疣点；针刺单生，少数三叉。叶互生，叶片圆匙形，叶基楔形，下延，边缘有刺齿 15~25，齿长 1 毫米，网脉明显，背面呈粉白色。总状花序，黄色。花瓣椭圆形，长 5 毫米，先端全缘，基部楔形，具 2 枚分离腺体；胚珠 2 枚。浆果倒卵形，成熟时红色。

生境 生于海拔 800~1600 米的山地阔叶林下。

分布 挂天瀑、桃花冲。

八角莲 *Dysosma versipellis*

主要特征：多年生草本。根状茎粗壮，横生。茎生叶 2 枚，薄纸质，互生，盾状，近圆形，直径达 30 厘米，4~9 掌状浅裂，背面被柔毛，叶脉明显隆起，边缘具细齿。花梗纤细、下弯、被柔毛；花深红色，5~8 朵簇生于离叶基部不远处，下垂；萼片 6，长圆状椭圆形，先端急尖，外面被短柔毛；花瓣 6，勺状倒卵形，长约 2.5 厘米；雄蕊 6，花丝短于花药，药隔先端急尖；子房椭圆形，柱头盾状。浆果椭圆形，直径约 3.5 厘米。

生境	生于海拔 800~1200 米的山坡林下、溪旁阴湿处、竹林下。
分布	南武当。

箭叶淫羊藿 *Epimedium sagittatum*

主要特征： 多年生草本。一回三出复叶，小叶革质，卵形至卵状披针形，先端急尖或渐尖，基部深心形，侧生小叶基部高度偏斜，叶缘具刺齿；花茎具 2 枚对生叶。圆锥花序长 10~30 厘米；花较小，直径约 8 毫米，白色；萼片 2 轮，外萼片 4 枚，先端钝圆，具紫色斑点；花瓣囊状，淡棕黄色。蒴果长约 1 厘米，花柱宿存。

| 生境 | 生于海拔 650~1200 米的林下、沟边灌丛或山坡阴湿处。 |
| 分布 | 挂天瀑、桃花冲、天马寨。 |

木通 *Akebia quinata*

主要特征：落叶缠绕木质藤本。树皮灰褐色。小枝带紫色。掌状复叶簇生于短枝上；小叶 5，倒卵形或椭圆形，先端圆钝或微凹，全缘。花具细梗；雄花紫红色；雌花暗紫色。浆果椭圆形或长椭圆形，熟时暗紫色，纵裂，露出白瓤和黑色种子。

生境	生于海拔 600~800 米的山坡林缘灌丛。
分布	横岗山、麒麟沟、挂天瀑。

大血藤 *Sargentodoxa cuneata*

主要特征： 木质藤本。老茎纵裂；小枝红褐色，具条纹。三出复叶互生、全缘；顶生小叶菱形或菱状倒卵形；侧生小叶斜卵形，两侧极不对称，短于顶生小叶。花序总状，花多数，黄色或黄绿色，具香气；雄花萼片、花瓣及雄蕊均为6；雌花心皮多数，离生。聚合浆果卵圆形，每一浆果近球形，直径约1厘米，成熟时红色至黑蓝色。

生境 生于海拔600~1180米的山坡林缘。
分布 挂天瀑、麒麟沟。

木防己 *Cocculus orbiculatus*

主要特征： 落叶缠绕木质藤本。小枝密被柔毛，具条纹。叶纸质，形状多变，宽卵形或卵状花圆形，上面被柔毛，掌状基出脉 3~5 条。聚伞状圆锥花序腋生。花淡黄色，花瓣 6；雄花雄蕊 6；雌花心皮 6，离生子房半圆球形。核果近球形，熟时蓝黑色，表面被白粉；种子小，具横皱纹。

生境 生于低海拔的荒坡路旁灌丛。
分布 吴家山、桃花冲、薄刀峰。

风龙 *Sinomenium acutum*

主要特征：木质大藤本，长可达 20 余米。老茎灰色，树皮有不规则纵裂纹，枝有规则的条纹。叶革质至纸质，心状圆形至阔卵形，边全缘、有角至 5~9 裂，嫩叶被绒毛；掌状脉 5 条，很少 7 条，连同网状小脉均在下面明显凸起。圆锥花序，雄花内轮与外轮近等长，花瓣稍肉质。核果。

生境 生于海拔 900 米左右的林中。
分布 麒麟沟。

千金藤 *Stephania japonica*

主要特征：缠绕木质藤本。叶纸质，常三角状近圆形，顶端有小凸尖，下面白粉；掌状脉 10~11 条；叶柄长 3~12 厘米，盾状着生。复伞形聚伞花序腋生，有伞梗 4~8 条，小聚伞花序密集呈头状；雄花萼片 6~8，膜质；花瓣 3 或 4，黄色，稍肉质，阔倒卵形；雌花萼片和花瓣各 3~4 片。果倒卵形，成熟时红色，果核背部有 2 行小横肋状雕纹。

生境 生于海拔 600 米左右的山坡、溪边和路旁。

分布 大崎山、三角山。

蕺菜 *Houttuynia cordata*

主要特征： 多年生草本，茎叶有鱼腥味。茎下部伏地，节上轮生小根，上部直立。叶薄纸质，有腺点，背面尤甚，卵形，背面常呈紫红色；叶脉 5~7 条；托叶膜质，长 1~2.5 厘米，下部与叶柄合生成鞘，略抱茎。花序长约 2 厘米，总苞片长圆形，长 10~15 毫米，白色；雄蕊长于子房，花丝长为花药的 3 倍。蒴果长 2~3 毫米，顶端有宿存花柱。

生境 生于沟边、溪边或林下湿地。
分布 挂天瀑、三省垴。

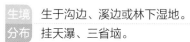

爬岩香 *Piper wallichii*

主要特征： 攀援藤本。叶硬纸质，椭圆形，背面被疏粗毛。花单性，雌雄异株，聚集成与叶对生的穗状花序。雄花序花期几与叶片等长；总花梗与叶柄近等长；花序轴被毛；苞片圆形，边缘不整齐；雄蕊 2，间有 3，花药肾形，2 裂，比花丝短。雌花序比叶片片短；总花梗远长于叶柄；花序轴果期延长达 2 毫米，密被白色长毛；子房离生，柱头常 3~4。浆果球形，有疣状凸起。

生境	生于海拔 300~600 米的石壁或树上。
分布	横岗山。

及已 *Chloranthus serratus*

主要特征： 多年生草本；根状茎横生，粗短。茎直立，单个或数个丛生；具明显的节，下部节上对生 2 枚鳞片叶。叶对生，先端渐窄成长尖，基部楔形，边缘具锐而密的锯齿，齿尖有一腺体；侧脉 6~8 对。穗状花序；花白色；子房卵形，柱头粗短。核果近球形或梨形，绿色。

生境	生于海拔 1000 米以下的山坡林下湿润处和山谷溪边草丛中。
分布	南武当。

大别山马兜铃 *Aristolochia dabieshanensis*

主要特征： 木质藤本。叶纸质，卵状心形，背面疏被短柔毛。花 1~2 朵，腋生；花冠管中部急剧弯曲，内部红褐色。蒴果。

生境 生于海拔 900~1100 米的山坡林下。

分布 南武当、薄刀峰（大别山特有）。

绵毛马兜铃 *Aristolochia mollissima*

主要特征： 木质藤本。嫩枝密被灰白色长绵毛。叶纸质，卵状心形，长 3.5~10 厘米，顶端钝圆至短尖，基部两侧裂片广展，缺深 1~2 厘米，上面被糙伏毛，下面密被灰色或白色长绵毛，基出脉 5~7 条，侧脉每边 3~4 条。花单生叶腋，长卵形；花被管中部急剧弯曲，外面密被白色长绵毛，檐部盘状，浅黄色，并有紫色网纹；花药成对贴生于合蕊柱近基部，并与其裂片对生。

生境	生于海拔 1200 米以下的山坡、草丛、沟边和路旁。
分布	薄刀峰、三角山、大崎山。

管花马兜铃 *Aristolochia tubiflora*

主要特征：草质藤本。嫩枝、叶柄折断后渗出微红色汁液。叶纸质或近膜质，常密布小油点，基出脉 7 条，叶脉干后常呈红色。花 1~2 朵聚生于叶腋；花被基部膨大呈球形，向上急剧收狭成一长管，管口扩大呈漏斗状，檐部一侧极短，另一侧渐延伸成舌片，深紫色，具平行脉。

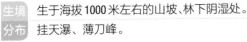

生境分布 生于海拔 1000 米左右的山坡、林下阴湿处。挂天瀑、薄刀峰。

中华猕猴桃 *Actinidia chinensis*

主要特征：落叶大藤本。叶纸质，倒阔卵形或近圆形，边缘具睫状小齿，上面中脉和侧脉上被少量软毛或短糙毛，下面密被灰白色或褐色星状绒毛，侧脉 5~8 对。聚伞花序 1~3 花，初放时白色，后变浅黄色，具香气；花瓣具短爪；花药黄色；子房球形。果具褐色斑点，萼片宿存，反折。

生境	生于海拔 1000 米左右的山坡、林缘、路旁或灌丛。
分布	挂天瀑、薄刀峰。

毛柄连蕊茶 *Camellia fraterna*

主要特征：灌木或小乔木，高 1~5 米。叶革质，椭圆形，下面初时有长毛；侧脉 5~6 对，上下两面均不明显；边缘有钝锯齿。花常单生于枝顶；花冠白色，基部与雄蕊连生达 5 毫米，花瓣 5~6 片，外侧 2 片革质，有丝毛，内侧 3~4 片阔倒卵形，先端稍凹入，背面有柔毛或稍秃净。蒴果。

| 生境 | 生于海拔 1100 米以下的山坡灌丛。 |
| 分布 | 桃花冲。 |

油茶 *Camellia oleifera*

主要特征: 灌木或小乔木。树皮灰黄色，光滑。嫩枝微被毛，冬芽芽鳞被粗长毛。叶革质，边缘浅锯齿，侧脉不明显。花白色，径 5~8 厘米，1~3 朵顶生或腋生，无花梗；苞片与萼片无区别，被毛；花瓣 5~7 枚，倒卵形，全缘或顶部 2 裂，雄蕊多数，离生。蒴果球形。

生境	生于海拔 1100 米以下的向阳山坡、疏林中。
分布	吴家山、三角山。

长喙紫茎 *Stewartia rostrata*

主要特征：小乔木。叶纸质，椭圆形或卵状椭圆形，边缘有粗齿，侧脉 7~10 对，下面叶腋常有簇生毛丛，叶柄长 1 厘米。花单生；苞片长卵形；萼片 5，基部连生；花瓣阔卵形，基部连生，外面有绢毛；雄蕊有短的花丝管，被毛；子房仅在基部有茸毛。蒴果近无毛，先端伸长。

生境 生于海拔 800~1000 米的林下。

分布 薄刀峰、龙潭。

黄海棠 *Hypericum ascyron*

主要特征：多年生常绿草本，高 80~100 厘米。分枝对生；茎有四纵棱。单叶对生，宽披针形至狭矩圆形，先端渐尖至钝尖，基部抱茎；无柄。花黄色，聚伞花序；花大，萼片 5；花柱长，在中部以上 5 裂。蒴果圆锥形。

生境	生于海拔 1000 米以下的山坡林下或草丛。
分布	挂天瀑。

小连翘 *Hypericum erectum*

主要特征: 多年生草本。根须状,在基部常生有须根。茎有 2 条隆起线。单叶对生,半抱茎,长椭圆形或倒卵状长椭圆形,全缘,羽状脉,叶面散生黑色腺点。聚伞花序,顶生或腋生;花深黄色,萼片 5,卵形,边缘有腺齿;花瓣 5,长矩圆形,萼片及花瓣均有黑色条线及黑点。蒴果。

生境	生于海拔 900 米以下的马尾松林中。
分布	挂天瀑。

元宝草 *Hypericum sampsonii*

主要特征: 多年生草本,高 50~80 厘米。茎圆柱形,有 2 条凸起的纵肋,通常在茎上部有 2~3 分枝,分枝对生。叶对生,两叶基部完全合生,其茎贯穿其中,叶长椭圆状披针形,两面均有透明的腺点和黑色斑点。聚伞花序;花小,黄色;萼片 5;花瓣 5;雄蕊 3 束;花柱 3。蒴果卵圆形,3 室,有黄褐色腺体。

生境	生于海拔 1000 米以下的山坡或路旁阴湿处林内。
分布	仙人台。

伏生紫堇 *Corydalis decumbens*

主要特征: 多年生草本。块茎近球形,有须根;茎柔弱,不分枝。基生叶具长柄,叶片二回三出全裂,末回裂片长倒卵形;茎生叶2~3枚,似基生叶但较小。总状花序;苞片倒卵形,全缘;花瓣淡紫色,上花瓣顶端微凹,边缘波状。蒴果线形。

生境	生于低海拔的荒坡草地。
分布	龟峰山、横岗山。

刻叶紫堇 *Corydalis incisa*

主要特征： 二年或多年生草本。块茎狭椭圆形，密生须根。叶片互生，二至三回羽状全裂，一回羽片 2~3 对，小裂片顶端有缺刻。总状花序；苞片一至二回羽状深裂，小裂片狭披针形或钻形，锐尖；花瓣紫色，上面花瓣末端钝，向下弯曲，下花瓣基部稍呈囊状。蒴果扁平。

生境	生于海拔 900 米以下的林下、沟边多石处。
分布	吴家山、龟峰山、桃花冲、天马寨。

延胡索 *Corydalis yanhusuo*

主要特征： 多年生草本。块茎圆球形。叶 3~4 片，二回三出全裂，裂片披针形或狭长卵形，全缘或顶端有大小不等的缺刻。总状花序；苞片全缘或有少数牙齿；花瓣紫色，顶端微凹，具小尖头，边缘有牙齿。下面花瓣具浅囊状突起。蒴果线形。

生境	生于海拔 1400 米以下的山坡、路旁林下岩缝中。
分布	挂天瀑、龟峰山、天马寨。

博落迴 *Macleaya cordata*

主要特征: 直立草本。单叶互生，宽卵形或近圆形，边缘 7 或 9 浅裂，裂片边缘波状、缺刻状或有齿，上面绿色，背面多白粉，基出脉 5，细脉网状，常呈淡红色。大型圆锥花序生于茎或分枝顶端；花芽棒状，近白色；萼片黄白色；花瓣无。蒴果长倒卵形。

生境 生于海拔 1000 米以下的山坡、沟边或林缘。
分布 吴家山、龟峰山、桃花冲。

匍匐南芥 *Arabis flagellosa*

主要特征：多年生草本，全株被单毛、2~3叉毛及星状毛。基生叶簇生，长椭圆形至匙形，顶端钝圆，边缘具疏齿，基部下延成有翅状的狭叶柄，不具裂片；茎生叶排列疏松，倒卵形或长椭圆形，顶端钝形。花序顶生，萼片长椭圆形，上部边缘白色；花瓣长椭圆形。长角果线形，中脉明显，果梗斜升。

生境 生于海拔 100~200 米的林下沟边、阴湿山谷石缝中。
分布 挂天瀑、桃花冲。

荠 *Capsella bursa-pastoris*

主要特征：一年或二年生草本。基生叶丛生呈莲座状，大头羽状分裂，顶裂片卵形至长圆形，侧裂片 3~8 对，顶端渐尖，浅裂或有不规则粗锯齿或近全缘；茎生叶抱茎，边缘有缺刻或锯齿。总状花序顶生及腋生；萼片长圆形；花瓣白色，卵形，有短爪。短角果倒心状三角形，扁平，顶端微凹，裂瓣具网脉。

生境 生于低海拔的山坡、田边及路旁。
分布 广泛分布。

光头山碎米荠

Cardamine engleriana

主要特征：多年生草本。茎单一，通常不分枝，上部无毛，下部疏生白色柔毛。基生叶有长柄；茎上部的叶较大，边缘具不规则波状浅裂，具明显3主脉；茎下部叶较小，边缘具5个波状浅裂。总状花序顶生；花瓣白色，倒卵状楔形，基部渐狭成爪。长角果稍扁平。

 生境 生于海拔 700~1300 米的山坡、山沟、草地、路旁潮湿处。

分布 桃花冲、薄刀峰。

弯曲碎米荠 *Cardamine flexuosa*

主要特征：一年或二年生草本。茎自基部多分枝，上部稍呈"之"字形弯曲。奇数羽状复叶，小叶 3~7 对，长卵形或线形，1~3 裂或全缘。总状花序多数，生于枝顶，花小；萼片边缘膜质；花瓣白色；雌蕊柱状，花柱极短，柱头扁球状。长角果线性，稍扁。

生境	生于海拔 400~1200 米的田边、路旁及草地。
分布	吴家山、狮子峰。

碎米荠 *Cardamine hirsuta*

主要特征：一年生小草本。奇数羽状复叶，顶生小叶宽卵形，边缘有 3~5 圆齿，侧生小叶较小，歪斜，边缘有 2~3 圆齿；小叶两面稍有毛。总状花序生于枝顶，花小；萼片外面有疏毛；花瓣白色；花丝稍扩大；雌蕊柱状。长角果线形，果梗纤细开展。

生境	生于海拔 1000 米以下的山坡、路旁、田边及沟边湿地。
分布	广泛分布。

弹裂碎米荠 *Cardamine impatiens*

主要特征：一年或二年生草木。茎直立，生多数羽状复叶。基生叶和茎下叶具柄，柄基部有 1 对具缘毛的线性裂片，抱茎；小叶长圆形或披针形，边缘有不整齐钝齿状裂片。总状花序顶生和腋生，花多数；花瓣白色；雌蕊柱状。长角果线性。

生境 生于海拔 400~1000 米的路旁、山坡、荒地及田间阴湿处。

分布 龙潭、横岗山。

华中碎米荠 *Cardamine macrophylla*

主要特征： 多年生草本。顶生小叶与侧生小叶相似，边缘有比较整齐的锐锯齿或钝锯齿，顶生小叶基部楔形，无小叶柄，侧生小叶基部稍不等。总状花序多花；外轮萼片淡红色，边缘膜质，内轮萼片基部囊状；花瓣淡紫色、紫红色，少有白色，顶端圆或微凹，向基部渐狭成爪。长角果扁平。

生境	生于海拔 1000~1500 米的山坡、沟边、高山草坡水湿处。
分布	挂天瀑。

山萮菜 *Eutrema yunnanense*

主要特征：多年生草本。近地面处生数茎，直立或斜上升，表面有纵沟，下部无毛，上部有单毛。基生叶具柄；叶片近圆形，基部深心形，边缘有粗齿；茎生叶具柄，叶片向上渐小，顶端渐尖，基部浅心形，边缘有波状齿或锯齿。总状花序密集成伞房状，果期伸长；萼片卵形；花瓣白色，顶端钝圆，有短爪。长角果圆筒状。

生境 生于海拔 1000~1400 米的林下或山坡草丛。

分布 南武当、麒麟沟。

北美独行菜 *Lepidium virginicum*

主要特征：一年或二年生草本。茎直立，上部分枝，具柱状腺毛。基生叶倒披针形，羽状分裂或大头羽裂，边缘有锯齿，两面有短伏毛；茎生叶有短柄，倒披针形或线形，边缘有尖锯齿。总状花序顶生；花瓣白色，与萼片等长。短角果近圆形，先端微凹，上部有窄翅。

生境 生于低海拔的山坡、路边、田地和荒地草丛中。

分布 广泛分布。

豆瓣菜 *Nasturtium officinale*

主要特征：多年生水生草本，全株光滑无毛。茎匍匐或浮水生，多分枝，节上生不定根。单数羽状复叶，小叶片宽卵形、长圆形或近圆形，顶端1片较大，钝头或微凹，近全缘或呈浅波状。总状花序顶生，花多数；萼片长卵形，边缘膜质，基部略呈囊状；花瓣白色，具脉纹，顶端圆，基部渐狭成细爪。长角果圆柱形而扁。

生境 生于海拔900米以下的水沟、山涧、沼泽或水田中。

分布 桃花冲。

诸葛菜 *Orychophragmus violaceus*

主要特征：一年或二年生草本。茎单一，直立，基部或上部稍有分枝，浅绿色或带紫色。基生叶及下部茎生叶大头羽状全裂，顶裂片近圆形或短卵形，侧裂片卵形或三角状卵形，全缘有牙齿；上部叶长圆形或窄卵形，抱茎，边缘有不整齐牙齿。花紫色、浅红色或褪成白色；花萼筒状，紫色；花瓣宽倒卵形，密生细脉纹。长角果线形。

生境	生于海拔 800 米以下的山地、路旁或地边。
分布	狮子峰、吴家山。

风花菜 *Rorippa globosa*

主要特征：一或二年生直立粗壮草本，植株被白色硬毛或近无毛。茎单一，基部木质化，下部被白色长毛。茎下部叶具柄，上部叶无柄，叶片长圆形至倒卵状披针形，边缘具不整齐粗齿，两面被疏毛，尤以叶脉为显。总状花序多数，呈圆锥式排列；花小，黄色，具细梗；萼片长卵形；花瓣倒卵形。短角果近球形。

生境 生于低海拔的河岸、湿地、路旁、沟边或草丛中。

分布 龟峰山、横岗山。

蔊菜 *Rorippa indica*

主要特征：一或二年生直立草本。茎有纵条纹。叶片卵状披针形，常大头羽状分裂，边缘具不整齐齿牙；茎上部叶片宽披针形或匙形，边缘具疏齿，具短柄或基部耳状抱茎。总状花序顶生或侧生；花瓣黄色，匙形，与萼近等长。长角果线状圆柱形。

生境	生于低海拔的路旁、田边、河边。
分布	吴家山、桃花冲。

蜡瓣花 *Corylopsis sinensis*

主要特征：落叶灌木。嫩枝有柔毛；芽体具芽鳞，外被柔毛。叶倒卵形或长圆状倒卵形，边缘有锯齿，齿尖刺毛状，上面被疏柔毛或仅在中脉上被毛，下面脉上和脉间被灰色柔毛并杂被星状毛，侧脉 7~9 对，最下面一对侧脉近基部，第二次分支侧脉较明显。总状花序；花瓣匙形，雄蕊黄色，比花瓣短。蒴果近圆球形，被灰色柔毛。

生境 生于海拔 600~1600 米的阔叶林中、林下。

分布 挂天瀑、天马寨、桃花冲。

牛鼻栓 *Fortunearia sinensis*

主要特征： 落叶灌木或小乔木。叶倒卵形或倒卵状长圆形，边缘具不规则波状齿，齿端刺芒状，老叶下面仅在脉上被较密长毛，侧脉6~10对，第一对侧脉第二次分支不强烈。花瓣狭披针形，比萼齿短；雄蕊近无柄，花药卵形；子房略有毛，花柱反卷；花梗有星毛。蒴果表面密被白色皮孔，室间或室背开裂。

生境 生于海拔 550~800 米的山地灌丛或路旁。

分布 挂天瀑、龙潭、桃花冲。

金缕梅 *Hamamelis mollis*

主要特征：落叶灌木或小乔木。嫩枝密被星状绒毛；芽体长卵形，有灰黄色绒毛。叶阔倒卵形，厚纸质，上面稍粗糙，下面密生灰色星状绒毛；侧脉 6~8 对，最下面 1 对侧脉有明显的第二次分支侧脉；边缘具波状钝齿；叶柄被绒毛，托叶早落。头状或短穗状花序腋生，具花数朵，无花梗；花瓣带状，黄白色。蒴果卵圆形，密被黄褐色星状绒毛。

生境 生于海拔 615~1330 米的山地灌丛。
分布 挂天瀑、天马寨、桃花冲、大崎山。

枫香 *Liquidambar formosana*

主要特征：大乔木。叶纸质，掌状 3 裂，萌发枝上叶常 5~7 裂，掌状脉 3~5 条，中央裂片较长，先端尾状渐尖，基部心形，边缘具锯齿；托叶线性。雄性短穗状花序常多个排成总状，雄蕊多数；雌性头状花序具花 22~43 朵，萼齿 4~7，花后增长，针形。头状果序圆球状，木质，下垂，宿存花柱及萼齿针刺状。

| 生境 | 生于 800 米左右的山麓落叶阔叶林中。 |
| 分布 | 龟峰山、横岗山。 |

檵木 *Loropetalum chinense*

主要特征:灌木或小乔木。小枝被星状毛。叶革质,卵形,稍不对称,全缘,侧脉约 5 对,下面隆起。叶柄密被锈色星状毛;托叶膜质,早落。花 3~8 朵簇生,白色,先于新叶或与嫩叶同时开放;花瓣 4 枚,带状,先端圆钝;雄蕊 4 个,退化雌蕊 4 个,鳞片状,与雄蕊互生。蒴果卵圆形,先端圆,被褐色星状绒毛。

生境 生于海拔 490~1000 米的山坡、沟边、路旁灌丛。
分布 龙潭、薄刀峰。

轮叶八宝 *Hylotelephium verticillatum*

主要特征：多年生草本。叶 3~5 片轮生，长圆状披针形至卵状披针形，边缘有整齐的疏牙齿。聚伞状伞房花序顶生，花多而密，呈半圆球形；萼片 5，基部稍合生；花瓣 5，淡绿色至黄白色，长圆状椭圆形，基部渐狭，分离；雄蕊 10，对萼的较花瓣稍长，对瓣的稍短。蓇葖果。

| 生境 | 生于海拔 900~1700 米的山坡草丛中或沟边阴湿处。 |
| 分布 | 挂天瀑、南武当、麒麟沟、桃花溪。 |

费菜 *Phedimus aizoon*

主要特征： 多年生草本。叶互生，长披针形至倒披针形，顶端渐尖，基部楔形，边缘有不整齐的锯齿，近革质。聚伞花序顶生，多花，下托以苞叶；花瓣 5，黄色，长圆形至椭圆状披针形；雄蕊 10。蓇葖果成星芒状排列。

生境 生于海拔 300~1100 米的向阳山坡岩石或土层上。

分布 麒麟沟。

珠芽景天 *Sedum bulbiferum*

主要特征：多年生草本。根须状。茎下部常横卧。叶腋常有圆球形肉质珠芽。基部叶常对生，上部的互生，先端钝，基部渐狭。花序聚伞状，分枝3，常再二歧分枝；萼片5，披针形至倒披针形，有短距，先端钝；花瓣5，黄色，披针形，先端有短尖；雄蕊10；心皮5，略叉开，基部合生。

生境	生于海拔 1000 米以下的低山、平地树荫下。
分布	吴家山、仙人台。

大叶火焰草 *Sedum drymarioides*

主要特征： 一年生草本。植株全体有腺毛。茎斜上，分枝多，细弱。下部叶对生或 4 叶轮生，上部叶互生，卵形至宽卵形，先端急尖，圆钝，基部宽楔形并下延成柄。花序疏圆锥状；花少数，两性；萼片 5，长圆形至披针形，先端近急尖；花瓣 5，白色，长圆形，先端渐尖；雄蕊 10；鳞片 5，宽匙形，先端有微缺至浅裂。

| 生境 | 生于海拔 900 米以下的低山阴湿岩石上。 |
| 分布 | 挂天瀑、大沟。 |

凹叶景天 *Sedum emarginatum*

主要特征： 多年生草本。叶对生，匙状倒卵形至宽卵形，先端圆，有微缺，基部渐狭，有短距。蝎尾状聚伞花序顶生，多花；苞片叶状；花瓣黄色，披针形，雄蕊 10。蓇葖果略叉开，腹面有浅囊状隆起。

生境	生于海拔 500~1400 米的山坡阴湿处。
分布	吴家山、桃花冲。

佛甲草 *Sedum lineare*

主要特征： 多年生草本。3 叶轮生，叶线形至倒披针形，有短距。聚伞花序顶生，花疏生，中央一朵花有短梗，其余花无梗；萼片 5，不等长；花瓣 5，黄色；雄蕊 10，较花瓣短；鳞片 5，宽楔形至近四方形。蓇葖果略叉开。

生境	生于海拔 1000 米以下的低山或平地草坡上。
分布	挂天瀑、大崎山。

垂盆草 *Sedum sarmentosum*

主要特征: 多年生草本。3 叶轮生，叶倒披针形至长
圆形，先端近急尖，基部急狭，有距，全缘。聚伞花
序顶生,花稀疏;花为 5 基数,无梗;苞片披针形;花瓣黄色,
宽披针形;雄蕊 10;鳞片 10,楔状四方形。

生境	生于海拔 400~1200 米的山坡或山谷阳处或石上。
分布	挂天瀑、龙潭、大崎山。

落新妇 *Astilbe chinensis*

主要特征: 多年生草本。基生叶为二至三回三出羽状复叶; 顶生小叶片菱状椭圆形, 侧生小叶片卵形至椭圆形, 先端短渐尖至急尖, 边缘有重锯齿, 腹面沿脉生硬毛, 背面沿脉疏生硬毛和小腺毛; 叶轴仅于叶腋部具褐色柔毛。圆锥花序; 花密集; 花瓣 5, 淡紫色至紫红色, 线形。蒴果。

生境	生于海拔 390~1200 米的山谷、溪边、林下、林缘和草甸等处。
分布	麒麟沟。

草绣球 *Cardiandra moellendorffii*

主要特征: 亚灌木。叶互生,纸质,椭圆形至倒卵状匙形,基部渐狭成柄,边缘有三角形粗齿,齿端有突尖头,两面疏生糙伏毛,侧脉8~10对。伞房状圆锥花序顶生,花二型;不育花白色,有网纹;孕性花白色至淡紫色,花瓣4~5。蒴果顶端开裂。

生境	生于海拔1000米左右的林下或山谷水沟边。
分布	挂天瀑、桃花溪。

绵毛金腰 *Chrysosplenium lanuginosum*

主要特征:多年生小草本。基生叶椭圆形，边缘具圆齿；不育枝上部密生锈色柔毛，叶聚生于枝上部，有浅圆齿。聚伞花序分枝展开，被疏毛；苞片叶状，肾状圆形；花绿色，萼片展开，雄蕊 8；子房下位，有短而叉开的花柱。蒴果先端微凹。

生境	生于海拔 1130~1600 米的林下沟边。
分布	天马寨、薄刀峰。

大叶金腰 *Chrysosplenium macrophyllum*

主要特征： 多年生草本。基生叶厚革质，形大，倒卵形或狭倒卵形。叶上面有毛。茎生叶小，互生，匙形。聚伞花序紧密；苞片叶状，卵形或狭卵形；花白色或淡黄色；萼片直立，卵形。蒴果水平岔开；种子细小，圆卵形，被微细突起。

生境	生于海拔 1000 米左右的林下或沟旁阴湿处。
分布	桃花溪。

中华金腰 *Chrysosplenium sinicum*

主要特征：多年生草本。茎生叶卵形或宽卵形，基部宽楔形，边缘8~12个浅齿。不孕枝上叶对生，边缘有内弯的钝齿。聚伞花序紧密，苞片叶状；花黄绿色，钟形；萼片卵形或长圆形，雄蕊8，较萼片短。蒴果2裂；种子小，棕红色，表面有细微突起。

| 生境 | 生于海拔500~900米的林下或山沟阴湿处。 |
| 分布 | 南武当、天马寨。 |

宁波溲疏 *Deutzia ningpoensis*

主要特征：灌木。叶对生，有短柄；叶近纸质，卵状长圆形或披针形，边缘有疏而不显的细齿或几近全缘，上面疏生星状毛，下面密生白色星状短绒毛。花序圆锥状，疏生星状毛；花萼密生白色星状毛；花瓣白色，被星状毛。蒴果近球形。

| 生境 | 生于海拔1000米以下的溪边和灌木丛中。 |
| 分布 | 桃花冲。 |

中国绣球 *Hydrangea chinensis*

主要特征：一年生或二年生灌木。叶长圆形或狭椭圆形，小脉稀疏网状，基部全缘，上部有疏浅锯齿，近无毛。伞形聚伞花序顶生，无总梗，略被毛；边缘不孕花有或无，若存在，则 4~5 萼；能育花白色，花柱 3~4，子房大半部上位。蒴果卵球形。

生境	生于海拔 600~900 米的溪边或林下。
分布	挂天瀑、大崎山。

山梅花 *Philadelphus incanus*

主要特征：灌木。叶卵形或阔卵形，边缘具疏锯齿，上面疏被直立刺毛，背面被平伏短毛。总状花序有花 5~7（~11）朵，下部的分枝有时具叶；萼筒钟形；花冠盘状，花瓣白色，基部急收狭；雄蕊 30~35。蒴果倒卵形；种子具短尾。

生境 生于海拔 600~1000 米的灌木林中。

分布 仙人台、桃花冲。

细枝茶藨子 *Ribes tenue*

主要特征：落叶灌木。叶长卵圆形，掌状 3~5 裂，顶生裂片菱状卵圆形，先端渐尖至尾尖，比侧生裂片长 1~2 倍，侧生裂片边缘具深裂或缺刻状重锯齿，或混生少数粗锐单锯齿。花单性，雌雄异株，总状花序；花瓣楔状匙形或近倒卵圆形，先端圆钝，暗红色。果实球形。

生境 生于海拔 1200 米以下的山坡和山谷灌丛。

分布 挂天瀑、薄刀峰。

虎耳草 *Saxifraga stolonifera*

主要特征：多年生草本，高 8~50 厘米。叶常数片基生，肉质，基部心形或平截，边缘有不规则钝锯齿，两面有长伏毛。花两侧对称；排成稀疏的圆锥花序，花瓣 5，白色或微粉红色，下方 2 瓣特长，上方 3 瓣较小，基部有黄色斑点。蒴果椭圆形。

生境	生于海拔 900 米以下的阴湿山坡岩石下的腐殖土上。
分布	挂天瀑、薄刀峰。

黄水枝 *Tiarella polyphylla*

主要特征: 多年生草本。根状茎细长,深褐色。基生叶具长柄;叶片心形,先端急尖,基部心形,掌状 3~5 浅裂,边缘具不规则浅齿,两面被疏伏毛。总状花序顶生,疏生多花,密被腺毛;花白色,花瓣披针形,较萼稍长。蒴果裂片不等长。

生境 生于海拔 1600 米的林下阴湿处。
分布 挂天瀑、麒麟沟。

海金子 *Pittosporum illicioides*

主要特征：常绿灌木，高达5米。老枝有皮孔。叶于枝顶簇生，薄革质，倒卵状披针形或倒披针形，基部窄楔形，上面深绿色，下面浅绿色；侧脉在下面稍突起。伞形花序顶生，花黄白色，2~10朵，花梗纤细，花瓣5，雄蕊5。蒴果近圆球形。

 生境 生于海拔900米以下的沟谷或山坡阔叶林下或林缘。

分布 挂天瀑、大沟。

龙芽草 *Agrimonia pilosa*

主要特征：多年生草本。根呈块状茎。叶为间断奇数羽状复叶，边缘有急尖到圆钝锯齿，背面脉上有疏柔毛，具显著腺点，叶柄被疏柔毛。花直径 6~9 毫米，花瓣黄色，雄蕊 10 枚左右，花柱 2，丝状。果倒圆锥形，外面有 10 条肋，顶端有数层钩刺。

生境 生于海拔 100~900 米的溪边、路旁、草地、林缘及疏林下。

分布 挂天瀑、麒麟沟、龟峰山、大崎山。

野山楂 *Crataegus cuneata*

主要特征：落叶灌木。枝具细刺，刺长5~8毫米。叶片边缘有不规则重锯齿，顶端有3或稀5~7浅裂片，下面具稀疏柔毛；叶柄有翼；托叶草质，边缘有齿。伞房花序，具花5~7朵；花直径约1.5厘米；花瓣近圆形或倒卵形，白色，基部有短爪；雄蕊20。果实红色或黄色，常具有宿存反折萼片或苞片。

生境	生于海拔1000米以下的山谷、山坡的路边或灌木丛中。
分布	挂天瀑、桃花冲。

蛇莓 *Duchesnea indica*

主要特征：多年生草本。匍匐茎多数，长30~100厘米，有柔毛。三出复叶，小叶片边缘有钝锯齿，两面有柔毛，具小叶柄；托叶窄卵形至宽披针形。花单生于叶腋，直径1.5~2.5厘米；花瓣倒卵形，长5~10毫米，黄色，先端圆钝；雄蕊20~30；心皮多数，离生。瘦果卵形，鲜时有光泽。

生境	生于海拔1000米以下的山坡、河岸、草地、潮湿的地方。
分布	广泛分布。

白鹃梅 *Exochorda racemosa*

主要特征：灌木，高达 3~5 米。枝条细弱开展；小枝圆柱形，微有棱角，幼时红褐色，老时褐色。叶片全缘；叶柄短；无托叶。总状花序；苞片小，宽披针形；花直径 2.5~3.5 厘米；萼片宽三角形；花瓣倒卵形，先端钝，基部有短爪，白色；雄蕊 15~20，3~4 枚一束着生在花盘边缘，与花瓣对生。蒴果倒圆锥形。

生境 生于海拔 900 米以下的山坡阴地。
分布 天马寨、狮子峰。

路边青 *Geum aleppicum*

主要特征: 多年生草本。须根簇生。基生叶为大头羽状复叶,叶柄被粗硬毛,边缘常浅裂,有不规则粗大锯齿,锯齿急尖或圆钝;茎生叶羽状复叶,向上小叶逐渐减少。花序顶生,疏散排列,花梗被短柔毛或微硬毛;花瓣黄色,近圆形;萼片顶端渐尖。聚合果倒卵球形,瘦果被长硬毛。

生境 生于海拔 200~1500 米的山坡草地、河滩、林间隙地。

分布 广泛分布。

棣棠花 *Kerria japonica*

主要特征： 落叶灌木，高 1~2 米。小枝无毛，常拱垂，嫩枝有棱角。叶互生，托叶膜质，早落。花单生在当年生侧枝顶端；花直径 2.5~6 厘米；萼片有小尖头，全缘，果时宿存；花瓣黄色，宽椭圆形，顶端下凹。瘦果倒卵形至半球形，有皱褶。

生境 生于海拔 400~700 米的山坡灌丛。

分布 挂天瀑、薄刀峰、龟峰山。

中华石楠 *Photinia beauverdiana*

主要特征:落叶灌木或小乔木,高3~10米。小枝有散生灰色皮孔。叶片薄纸质,先端突渐尖,基部圆形或楔形,边缘有齿,上面光亮无毛,下面中脉疏生柔毛。复伞房花序,萼筒杯状,萼片三角卵形;花瓣白色,卵形或倒卵形,先端圆钝。果实卵形,紫红色。

 生境 生于海拔1000米以下的山坡或山谷林下。

 分布 南武当。

绒毛石楠 *Photinia schneideriana*

主要特征:灌木或小乔木，高达 7 米。叶片长圆披针形或长椭圆形，边缘有锐锯齿；侧脉微凸起。顶生复伞房花序；总花梗和分枝疏生长柔毛；萼筒杯状；萼片直立、开展，圆形；花瓣白色，近圆形，基部有短爪；雄蕊约和花瓣等长。果实卵形，带红色，顶端具宿存萼片；种子卵形，两端尖，黑褐色。

| 生境 | 生于海拔 700~1300 米的山坡疏林中。 |
| 分布 | 天马寨。 |

三叶委陵菜 *Potentilla freyniana*

主要特征：多年生草本。花茎纤细，高 8~25 厘米，被平铺或开展疏柔毛。基生叶掌状 3 出复叶；茎生叶 1~2，小叶与基生叶小叶相似，唯叶柄很短，叶边锯齿减少。伞房状聚伞花序顶生，多花，松散，花梗纤细；花瓣淡黄色，长圆倒卵形；花柱上部粗，基部细。成熟瘦果卵球形，表面有显著脉纹。

 生境 生于海拔 500~1200 米的山坡草地、溪边及疏林下阴湿处。

分布 狮子峰、大崎山。

蛇含委陵菜 *Potentilla kleiniana*

主要特征：一年生、二年生或多年生宿根草本，高 10~50 厘米。小叶与基生小叶相似，唯叶柄较短；茎生叶托叶草质，绿色，卵形至卵状披针形，全缘。聚伞花序密集枝顶；萼片三角卵圆形；花瓣黄色，倒卵形，顶端微凹，长于萼片；花柱近顶生，圆锥形，基部膨大，柱头扩大。瘦果近圆形，具皱纹。

生境 生于海拔 1000 米以下的山谷、荒地及山坡草地。

分布 广泛分布。

木香花 *Rosa banksiae*

主要特征：攀援小灌木。小枝无毛，有短小皮刺；老枝上的皮刺较大，坚硬。小叶 3~5，稀 7，连叶柄长 4~6 厘米；小叶片长 2~5 厘米，边缘有紧贴细锯齿；深绿色，中脉凸起，沿脉有柔毛。花多朵成伞形花序，直径 1.5~2.5 厘米；花瓣重瓣至半重瓣，白色，倒卵形，先端圆，基部楔形。

生境	生于海拔 500~1300 米的溪边、路旁或山坡灌丛。
分布	大崎山。

软条七蔷薇 *Rosa henryi*

主要特征：落叶灌木，高 3~5 米，有长匍枝。小叶片边缘有齿，下面中脉凸起；小叶柄和叶轴散生小皮刺；托叶大部贴生于叶柄，离生部分披针形，先端渐尖，全缘。复伞房状花序；花梗和萼筒有时具腺毛，萼片披针形，先端渐尖，全缘，有少数裂片；花瓣白色，宽倒卵形，先端微凹。果近球形，成熟后褐红色，有光泽。

| 生境 | 生于海拔 400~1000 米的山谷、林边、田边或灌丛。 |
| 分布 | 三角山、横岗山。 |

金樱子 *Rosa laevigata*

主要特征：常绿攀援灌木，高可达 5 米。小叶革质，边缘有齿；小叶柄和叶轴有皮刺和腺毛；托叶离生或基部与叶柄合生。花单生于叶腋；花梗和萼筒密被腺毛，随果实成长变为针刺；萼片卵状披针形，比花瓣稍短；花瓣白色，宽倒卵形，先端微凹；雄蕊多。果梨形、倒卵形，稀近球形，紫褐色，外面密被刺毛。

生境 生于海拔 300~1000 米的向阳山野、田边、灌木丛中。
分布 仙人台、横岗山。

野蔷薇 *Rosa multiflora*

主要特征：攀援灌木。小叶片倒卵形、长圆形或卵形，边缘有齿，叶背有毛；托叶篦齿状，大部贴生于叶柄。圆锥状花序；萼片披针形；花瓣白色或粉红色，宽倒卵形，先端微凹，基部楔形；花柱结合成束。果近球形，红褐色或紫褐色，有光泽。

 生境 生于海拔可达 1300 米的山坡、灌丛或河边等处。

分布 横岗山、大崎山。

山莓 *Rubus corchorifolius*

主要特征：直立灌木，高 1~3 米。单叶卵形至卵状披针形，有齿，基部具 3 脉；叶柄疏生小皮刺；托叶线状披针形。花单生或少数生于短枝上；花梗具细柔毛；花直径可达 3 厘米；花瓣长圆形或椭圆形，白色，顶端圆钝；雄蕊多数，花丝宽扁；雌蕊多数。果实由很多小核果组成，近球形，红色；核具皱纹。

生境 生于海拔 1200 米的山坡、灌丛和路旁。

分布 挂天瀑、狮子峰。

插田泡 *Rubus coreanus*

主要特征: 灌木,高 1~3 米。奇数羽状复叶,侧生小叶近无柄,与叶轴均被毛和钩状小皮刺。伞房花序生于侧枝顶端;萼片边缘具绒毛,花时开展,果时反折;花瓣倒卵形,淡红色至深红色;花丝带粉红色;雌蕊多数。果实近球形,深红色至紫黑色;核具皱纹。

| 生境 | 生于海拔 400~1000 米的山坡灌丛或山谷、河边、路旁。 |
| 分布 | 大崎山、横岗山。 |

蓬蘽 *Rubus hirsutus*

主要特征：落叶小灌木，高 1~2 米。小叶顶端急尖，顶生小叶顶端常渐尖，基部宽楔形至圆形，边缘有齿；叶柄具柔毛和腺毛，并疏生皮刺；托叶披针形或卵状披针形，两面具柔毛。花大，常单生于侧枝顶端，也有腋生；花瓣倒卵形或近圆形，白色，基部具爪；花丝较宽。果实近球形。

生境	生于海拔 1000 米以下的山坡路旁阴湿处或灌丛。
分布	狮子峰、大崎山。

白叶莓 *Rubus innominatus*

主要特征：灌木，高 1~3 米。顶生小叶卵形或近圆形，稀卵状披针形，侧生小叶斜卵状披针形或斜椭圆形，边缘有齿；有顶生小叶柄，侧生小叶近无柄；托叶线形。总状或圆锥状花序；萼片卵形，顶端急尖；花瓣倒卵形或近圆形，紫红色，边啮蚀状；雄蕊稍短于花瓣。果实近球形，橘红色。

生境 生于海拔 400~800 米的山坡疏林、灌丛或路边。

分布 挂天瀑、天马寨。

157

高粱泡 *Rubus lambertianus*

主要特征：半落叶藤状灌木，高达 3 米。单叶宽卵形，稀长圆状卵形，中脉上常疏生小皮刺。圆锥花序顶生；总花梗、花梗和花萼均被细柔毛；苞片与托叶相似；萼片卵状披针形，顶端渐尖、全缘；花瓣倒卵形，白色；雄蕊多数，花丝宽扁。果实小，近球形，熟时红色；核较小。

生境	生于低海拔山坡、山谷或路旁灌木丛中阴湿处或林缘。
分布	挂天瀑、大崎山、横岗山。

茅莓 *Rubus parvifolius*

主要特征：落叶小灌木，高 1~2 米。小叶菱状圆形或倒卵形，边缘有齿，常具浅裂片；叶柄被柔毛和稀疏小皮刺；托叶线形。伞房花序顶生或腋生，稀顶生花序成短总状；苞片线形，花瓣卵圆形或长圆形，粉红至紫红色，基部具爪；雄蕊花丝白色；子房具柔毛。果实卵球形，红色。

生境	生于海拔 900 米以下的山坡灌丛、路边、荒地。
分布	挂天瀑、大崎山、狮子峰、龟峰山。

灰白毛莓 *Rubus tephrodes*

主要特征: 攀援灌木。枝密被灰白色绒毛，具疏密及长短不等的刺毛和腺毛。单叶近圆形，侧脉 3~4 对，主脉上有时疏生刺毛和小皮刺。大型圆锥花序顶生；花瓣小，白色，长圆形；雄蕊多数，花丝基部稍膨大。果实球形，较大，紫黑色，由多数小核果组成；核有皱纹。

 生于海拔达 1200 米的山坡、路旁或灌丛。

 挂天瀑、龟峰山、横岗山。

三花悬钩子 *Rubus trianthus*

主要特征: 落叶藤状灌木，高1~2米。单叶，顶端渐尖，上面色较浅，边缘有齿；叶柄疏生小皮刺，基部有3脉；托叶披针形或线形。花常3朵，常顶生；苞片披针形或线形；萼片三角形，顶端长尾尖；花瓣长圆形或椭圆形，白色；雄蕊多数。果实近球形，红色；核具皱纹。

生境	生于海拔500~1200米的山坡杂木林或草丛。
分布	天马寨、横岗山。

中华绣线菊 *Spiraea chinensis*

主要特征：灌木，高 1.5~3 米。叶片菱状卵形至倒卵形，边缘有齿或不明显 3 裂；叶柄被短绒毛。伞形花序；苞片线形；萼筒钟状；萼片先端长渐尖；花瓣近圆形，先端微凹或圆钝，白色；花盘波状圆环形或具不整齐的裂片；子房具短柔毛，花柱短于雄蕊。蓇葖果。

| 生境 | 生于海拔 700 米以下的山坡灌木丛中、山谷溪边。 |
| 分布 | 挂天瀑、龟峰山、薄刀峰。 |

161

华空木 *Stephanandra chinensis*

主要特征：灌木。小枝细弱，圆柱形，微具柔毛，红褐色。叶片卵形至长卵形，长5~7厘米，先端渐尖，稀尾尖，边缘常浅裂并有重锯齿，侧脉7~10对，斜出。顶生疏松的圆锥花序；花瓣倒卵形，先端钝，白色；雄蕊10。蓇葖果近球形，被稀疏柔毛，具宿存直立萼片；种子1，卵球形。

生境	生于海拔1000~1500米的阔叶林边或灌木丛中。
分布	挂天瀑、南武当、薄刀峰、大崎山、龟峰山。

合萌 *Aeschynomene indica*

主要特征：一年生半灌木状草本，高
30~100 厘米。茎直立，圆柱状。偶数羽
状复叶，有 40~60 枚小叶；小叶片长圆形，
先端圆钝，边缘全缘，仅 1 脉，上面有
腺点。总状花序腋生，总花梗有疏刺毛，
与花梗均具黏性。花冠黄色，略带紫纹；
雄蕊 2 体。荚果线形，稍扁平，成熟时
逐节断裂。种子成熟时黑棕色，有光泽。

生境 生于低海拔的路旁、塘边、沟旁、
河堤、草地等湿地。

分布 桃花冲。

大金刚藤 *Dalbergia dyeriana*

主要特征:大藤本。幼棱被毛,后渐脱落。奇数羽状复叶,有小叶 11~15 枚,小叶片倒卵形或倒卵状长圆形,长 2~3 厘米,先端钝圆,微凹,两面被平伏柔毛。圆锥花序腋生,花少数疏生;总花梗和花梗有微毛;花萼钟状;花冠黄白色,雄蕊 9 枚,单体。荚果狭长圆形,有 1~2 粒种子。种子短肾形,扁平。

 生境 生于海拔 700~1000 米的低山坡林或灌丛。

分布 桃花冲。

野大豆 *Glycine soja*

主要特征： 一年生缠绕草本。茎细弱，各部密被黄色长硬毛。羽状 3 小叶复叶，顶小叶卵状披针形，长 2.5~7 厘米，先端急尖，基部圆形，两面密被短伏毛。总状花序腋生；花小，长 5~7 厘米；花萼钟状，萼齿 5；花冠淡紫红色，稍长于萼。荚果狭长圆形，微弯，密被长硬毛，含种子 1~4 粒。

生境	生于低海拔的向阳山坡灌丛、疏林和山野路旁、河岸湖边。
分布	大崎山、三角山。

长柄山蚂蝗 *Hylodesmum podocarpum*

主要特征：小灌木，高 50～150 厘米。茎直立，疏被白色柔毛。三出羽状复叶；托叶线状披针形，长 7～10 毫米；顶生小叶宽倒卵形或菱状圆形，两面疏生白色短柔毛；小叶柄密被柔毛。圆锥花序顶生，稀为总状花序腋生；花序轴及花梗均被柔毛及钩状毛；花冠紫红色，雄蕊 10。荚果扁平，常具 2 荚节，两面被短钩状毛。

生境 生于海拔 120～1100 米的山坡草丛或疏林。
分布 吴家山、麒麟沟。

华东木蓝 *Indigofera fortunei*

主要特征：小灌木，高 30~80 厘米。茎直立，分枝有棱。奇数羽状复叶，叶轴上面具浅槽；小叶 3~7 对，微凹，有小尖头。苞片卵形，早落；花冠紫红色或粉红色，旗瓣倒阔卵形，外面密生短柔毛，边缘有睫毛，近边缘及上部有毛，距短。荚果线状圆柱形，开裂后果瓣旋卷，内果皮具斑点。

生境 生于海拔 200~800 米的山坡疏林或灌丛。

分布 挂天瀑、天马寨。

鸡眼草 *Kummerowia striata*

主要特征: 一年生草本。枝上有向下倒挂的白色细毛。复叶互生,具3小叶;有短柄,先端圆形,其中脉延伸呈小刺尖,基部楔形;沿中脉及边缘有白色鬃毛。长卵形托叶较大,急尖,边缘有长缘毛。1~2朵花腋生;浅玫瑰色花冠,旗瓣近圆形,顶端微凹。卵状矩圆形荚果,有短细毛。种子黑色,卵形。

生境	生于海拔500米以下的山坡草地、田边。
分布	广泛分布。

截叶铁扫帚 *Lespedeza cuneata*

主要特征：直立半灌木。叶密集，柄短；具小刺尖，基部楔形，下面密被伏毛。总状花序腋生，具2~4朵花；总花梗极短；小苞片卵形或狭卵形，先端渐尖，边具缘毛；花冠淡黄色或白色，旗瓣基部有紫斑，龙骨瓣稍长；闭锁花簇生于叶腋。荚果宽卵形或近球形，被伏毛。种子肾圆形。

生境 生于海拔1000米以下的山坡草丛和灌丛。
分布 吴家山、三角山。

草木樨 *Melilotus officinalis*

主要特征：一或二年生草本，直立，多分枝。奇数羽状复叶，具 3 小叶；总叶柄长 1~2 厘米；托叶线状披针形，先端长渐尖；小叶长圆形至倒披针形，先端截形，中脉突出成短尖，边缘有疏细齿，下面散生贴伏柔毛。总状花序腋生，长达 20 厘米，直立；花冠黄色。荚果卵球形，表面有网脉；种子卵球形，略扁平，褐色。

生境 生于海拔 800 米以下的山坡、河岸、路旁、砂质草地及林缘。

分布 广泛分布。

葛 *Pueraria montana* var. *lobata*

主要特征：粗壮藤本，长可达 8 米，全体被黄色长硬毛。茎基部木质，有粗厚的块状根。羽状复叶具 3 小叶；小叶 3 裂，偶尔全缘，顶生小叶宽卵形或斜卵形。总状花序长；中部以上有颇密集的花；花萼钟形，被黄褐色柔毛，裂片披针形，渐尖；花冠长10~12 毫米，紫色。荚果长椭圆形，扁平，被褐色长硬毛。

生境	生于海拔 1000 米以下的山坡、路旁或疏林中。
分布	挂天瀑、薄刀峰。

广布野豌豆 *Vicia cracca*

主要特征：多年生蔓性草本，高 60~100 厘米。茎细弱，具棱，稍被短柔毛。偶数羽状复叶，有 8~24 枚小叶；叶轴末端有分枝卷须；小叶片具小尖头，基部圆形，两面疏生短柔毛。总状花序腋生，具 10~20朵花；花冠蓝色或浅红色；花柱顶部周围被长柔毛。荚果长圆形，宽 6~8 毫米，有不明显网纹，含 4~6 粒种子。

生境	生于低海拔的田边、地沟或草坡。
分布	大崎山。

小巢菜　*Vicia hirsuta*

主要特征: 一年生细弱草本,高10~60厘米。茎纤细,
具棱。偶数羽状复叶,有8~16枚小叶;托叶一侧
有线形的齿;小叶片线状长圆形,先端截形,有小
尖头,基部楔形。总状花序腋生,较叶短;花冠淡
紫色,稀白色,花柱顶端周围有短毛。荚果长圆形,
扁平,长7~10毫米,宽3~4毫米,外面被硬毛,
含种子1~2粒;种子棕色,扁圆形。

生境　生于海拔200~1000米的田野、山坡草丛等湿地。
分布　挂天瀑、三角山、横岗山。

牯岭野豌豆 *Vicia kulingana*

主要特征: 多年生直立草本。根近木质化。茎基部近紫褐色，常数茎丛生。偶数羽状复叶，叶轴顶端无卷须，具短尖头；侧脉 5~8 对，直达叶缘呈波形相连，全缘或齿蚀状。总状花序长于叶轴；花较大；花冠紫红色或蓝色。荚果长圆形，两端渐尖，表皮黄色，网脉清晰；种子 1~4，扁圆形，黑褐色，种脐线形，棕黄色。

生境 生于海拔 200~1200 米的山谷竹林、湿地及草丛或沙地。
分布 挂天瀑。

救荒野豌豆 *Vicia sativa*

主要特征: 一年生草本，高 20~60 厘米。茎细弱，具棱，疏被黄毛短柔毛。偶数羽状复叶，有小叶 6~16 枚，叶轴末端卷须发达，通常分叉。花 1~2 朵生于叶腋；总花梗极短；花萼外被黄色短柔毛；花冠紫红色，翼瓣倒卵状长圆形，有耳。荚果线形，扁平，成熟时棕色，含 6~9 粒种子；种子圆球形，黑褐色。

生境 生于低海拔的山坡杂草丛中、路旁、田埂。
分布 三角山、横岗山。

四籽野豌豆 *Vicia tetrasperma*

主要特征：一年生缠绕草本，高
20~50 厘米。茎纤细柔软有棱，多分
支，被微柔毛。偶数羽状复叶，长
2~4 厘米；顶端为卷须，托叶箭头形
或半三角形，小叶 2~6 对，长圆形
或线形。总状花序长约 3 厘米，花
1~2 朵着生于花序轴先端，花甚小；
花冠淡蓝色或带蓝、紫白色。荚果
长圆形，表皮棕黄色，近革质，具网
纹；种子球形。

生境 生于海拔 50~1950 米的荒坡，田地及
草地上。

分布 挂天瀑、薄刀峰。

歪头菜 *Vicia unijuga*

主要特征：多年生直立草本，高
40~100厘米。茎4棱。偶数羽状复叶，
仅有2枚小叶，小叶卵形至菱状卵形、
椭圆形或披针形，有时被粗糙毛。总
状花序腋生，长于叶轴，有时构成复
总状延长的花序，花生于一侧；花冠
蓝色或紫红色；旗瓣提琴形，中部缢
缩，先端钝圆或微凹。荚果长圆形，
扁平；种子红褐色。

生境 生于低海拔的林下、林缘、
疏林中和荒地。

分布 龟峰山。

紫藤 *Wisteria sinensis*

主要特征：落叶木质大藤本。茎直径可达25厘米左右，幼枝密被短柔毛。奇数羽状复叶具 7~13 枚小叶；小叶片卵状长圆形或卵状披针形，幼叶两面密被柔毛，后脱落，仅中脉被毛；小叶柄密被短柔毛；小托叶针刺状。总状花序生于去年生枝顶端；花冠紫色或蓝色。荚果线形或倒披针形，扁平，密被黄色绒毛；种子扁圆形，黑色。

生境	生于海拔 1000 米以下的向阳坡、林缘、溪边。
分布	龙潭。

酢浆草 *Oxalis corniculata*

主要特征： 多年生草本，全体有疏柔毛。茎匍匐或斜升，长 15~22 厘米。三出复叶，全缘，下面沿脉及小叶片边缘有短毛；叶柄细长，被柔毛。花 1 至数朵腋生，如为多朵，组成伞形花序，总花梗直立；花瓣 5，倒卵形，黄色；雄蕊 10，5 长 5 短。蒴果近圆柱形，有 5 棱，被短柔毛，成熟时开裂；种子小，扁卵形，褐色，有横槽。

 生境 生于低海拔的旷野、路旁、耕地或沟边。

分布 广泛分布。

野老鹳草 *Geranium carolinianum*

主要特征:一年生草本,高 20~60 厘米。根纤细。茎具棱角。叶片圆肾形,裂片楔状倒卵形或菱形,下部楔形、全缘,上部羽状深裂,小裂片先端急尖,表面被短伏毛,背面主要沿脉被短伏毛。花序腋生和顶生,长于叶,花序呈伞形状;花瓣倒卵形,稍长于萼,密被糙柔毛。蒴果。

生境 生于海拔 1000 米以下的平原和低山荒坡杂草丛中。

分布 大崎山。

铁苋菜 *Acalypha australis*

主要特征：一年生草本，高20~60厘米。茎直立，多分枝，小枝细长，被柔毛。叶长卵形或阔披针形，长3~9厘米，背面沿中脉具柔毛，基出3脉。雌雄花同序，腋生，稀顶生，边缘具齿，苞腋具雌花1~3朵；无花梗；雄花生于花序上部，雄花苞片小，苞腋具雄花5~7朵，簇生；雄蕊7~8。蒴果直径4毫米，具3个分果瓣；种子平滑。

生境 生于海拔1000米以下的丘陵和山坡、路旁、田边、荒地。

分布 广泛分布。

乳浆大戟 *Euphorbia esula*

主要特征：多年生草本。根圆柱状。茎单生时自基部多分枝；不育枝常发自基部。叶线形至卵形。花序单生于二歧分枝的顶端，总苞钟状，边缘 5 裂，边缘及内侧被毛；腺体 4，新月形，两端具角，褐色；雄花多枚，苞片宽线形；雌花 1 枚。蒴果三棱状球形，具 3 个纵沟；花柱宿存；种子卵球状。

生境	生于低海拔的山坡，草地或沙质地上。
分布	广泛分布。

斑地锦 *Euphorbia maculata*

主要特征：一年生草本。根纤细。茎匍匐，被白色疏柔毛。叶对生，长椭圆形至肾状长圆形，不对称，略呈渐圆形，边缘中部以下全缘，中部以上常具细小疏锯齿；

叶面中部常具有一个长圆形的紫色斑点，两面无毛。花序单生于叶腋；总苞外部具白色疏柔毛，边缘 5 裂；雄花 4~5，微伸出总苞外。蒴果三角状卵形；种子卵状四棱形，灰色或灰棕色。

生境	生于海拔 900 米以下的低山坡地、路旁。
分布	桃花冲。

算盘子 *Glochidion puberum*

主要特征：灌木或小乔木，高达 3 米。小枝密被短柔毛。叶纸质，长圆状卵形或宽披针形，长 3~8 厘米，宽 1~3 厘米，背面密被短柔毛，侧脉 5~7 对。花 2~5 朵簇生；雄花生于小枝下部叶腋，花梗长 4~8 毫米，外面被短柔毛，雄蕊 3；雌花花梗长 1 毫米。蒴果扁球形，常具 8~10 条纵槽，熟时红色，密被绒毛；种子红色。

生境	生于低海拔丘陵山坡、灌丛、路旁向阳处。
分布	麒麟沟、吴家山。

白背叶 *Mallotus apelta*

主要特征：灌木或小乔木，高 1~4 米。幼枝、叶柄、叶背和花序均密被白色星状柔毛和散生橙黄色腺点。叶宽卵形，长和宽均 6~16 厘米，全缘或疏生钝齿，侧脉 6~7 对。花雌雄异株；雄花序为开展的圆锥花序或穗状；雌花序穗状，雌花萼裂片 3~5 枚。蒴果球形，密生灰白色星状毛和线形软刺，黄褐色；种子近球形，具皱纹。

生境 生于海拔 1000 米以下的山坡或山谷灌丛。
分布 挂天瀑、薄刀峰、龟峰山。

青灰叶下珠 *Phyllanthus glaucus*

主要特征：落叶灌木，高达 4 米。小枝紫褐色。叶卵形或椭圆形，长 2~4 厘米，宽 1.5~2.5 厘米，先端尖，有小尖头，全缘，背面灰绿色。花雌雄同株，簇生叶腋；雄花数朵至 10 余朵簇生，径约 2 毫米，萼片宽卵形，黄绿色，雄蕊 4；雌花常单生于雄花丛中。浆果球形，紫黑色，花柱宿存；种子黄褐色。

 生于海拔 200~1000 米的山地灌木丛中或稀疏林下。

 麒麟沟。

乌桕 *Triadica sebifera*

主要特征： 乔木，具乳汁。树皮灰褐色，纵裂。叶菱形、菱状卵形，长 2~8 厘米，宽 3~9 厘米，先端突尖，基部宽楔形，全缘；叶柄顶端具 2 腺体。穗状花序顶生；雄花每苞片内具 10~15 花，雄蕊 2；雌花 1~4 朵生于花序基部生。蒴果梨状球形，熟时黑色；种子小，扁球形，黑色，外被白色蜡质层。

生境 分布 生于海拔 1000 米以下山坡、路旁。薄刀峰、吴家山。

油桐 *Vernicia fordii*

主要特征：落叶小乔木，高达 9 米。枝条皮孔明显。叶卵形或椭圆形，长 5~15 厘米，先端短尖，全缘，有时 3~5 浅裂，幼叶两面被黄褐色短柔毛。花先叶开放，白色，有淡红色条纹，径 3~6 厘米；花瓣倒卵形；雄花具 8~20 枚雄蕊，2 轮，外轮花丝离生，内轮花丝基部合生。核果卵球形，平滑，具细尖头。

生境 生于海拔 1000 米以下丘陵山地。

分布 天马寨、薄刀峰、横岗山。

185

臭檀吴萸 *Evodia daniellii*

主要特征：落叶乔木，高达 15 米。幼枝密被短柔毛。奇数羽状复叶对生，卵形至长圆状卵形，长 5~13 厘米，宽 3~6 厘米，边缘有不明显的细圆钝锯齿。聚伞状圆锥花序顶生；花白色；雄花的花瓣内被柔毛，花丝退化；雌蕊顶端 4~5 裂，密被毛；雌花有退化雄蕊。蓇葖果紫红色，有腺点和细毛；种子黑色，有光泽。

生境 生于海拔 1000 米以下的山坡疏林及沟边。

分布 挂天瀑、大沟。

臭常山 *Orixa japonica*

主要特征：落叶灌木。幼枝被短柔毛，很快脱落，枝暗褐色。单叶互生，薄纸质或膜质，倒卵形至倒卵状椭圆形，全缘或具细小圆钝锯齿，散生半透明油点，揉碎后有恶臭。花小，黄绿色；雄花序腋生，花瓣 4，脉纹清晰，雄蕊 4，较花瓣短；雌花单生，上部边缘有睫毛，花瓣长圆形。蓇葖果具 4 枚半圆形果瓣；种子黑色，圆球形。

生境	生于海拔 500~1300 米的疏林或林缘或灌木丛中。
分布	挂天瀑、大沟。

臭椿 *Ailanthus altissima*

主要特征：乔木，高达 30 米，胸径达 1 米。树皮平滑或具浅裂纹。枝具髓心，叶痕马蹄形。奇数羽状复叶，小叶 13~25，卵状披针形或卵状椭圆形，长 4~15 厘米，宽 2~4.5 厘米，全缘，近基部具 1~2 对大缺齿，齿端具腺点，下面被白粉，沿中脉被毛。花小，集成大型圆锥花序。翅果扁平，长椭圆形或纺锤形，熟时黄褐色或淡红褐色；种子 1，位翅果中部。

生境	生于海拔 1000 米以下山坡、沟旁阔叶林中。
分布	桃花溪、大沟。

楝 *Melia azedarach*

主要特征： 落叶乔木，高达 10 余米。树皮灰褐色，纵裂。分枝广展，小枝有叶痕。叶为 2~3 回奇数羽状复叶；小叶对生，顶生一片通常略大，边缘有钝锯齿；侧脉每边 12~16 条，向上斜举。圆锥花序；花瓣淡紫色，倒卵状匙形，两面均被微柔毛，通常外面较密；雄蕊管紫色，有纵细脉。核果球形至椭圆形；种子椭圆形。

 生境　生于低海拔旷野、路旁或疏林。
分布　三角山、横岗山、大崎山。

189

瓜子金 *Polygala japonica*

主要特征：多年生草本，高 10~30 厘米。丛生。单叶互生，叶片卵状披针形或椭圆形，长 1~3 厘米，全缘。总状花序腋生；花淡蓝紫色；花瓣 3，基部相连，侧瓣 2，基部内侧被短柔毛，中央龙骨瓣舟形，较侧瓣长，顶端背面具流苏状附属物；雄蕊 8，花丝合生成鞘状。蒴果扁平，倒心形，边缘具狭翅；种子褐色，密被白色柔毛。

生境	生于低海拔地区的山坡、路旁、荒地。
分布	桃花冲、天马寨。

盐肤木 *Rhus chinensis*

主要特征： 灌木或乔木。小枝、叶柄及花序均密被锈色柔毛。奇数羽状复叶，长25~45 厘米；小叶片纸质，边缘具粗锯齿，近无柄。圆锥花序宽大，雄花序长10~40 厘米，雌花序较短；花瓣白色，5 枚，倒卵状长圆形，开放时外卷，雄蕊伸出；雌花花萼、花瓣较雄花略小。核果成熟时橙红色，被具节柔毛和腺毛。

生境 生于海拔 550~1370 米阔叶林中。

分布 挂天瀑、龟峰山、三角山、横岗山。

野漆 *Toxicodendron succedaneum*

主要特征：落叶乔木或小乔木，高达10 米。奇数羽状复叶互生，有小叶4~7 对；小叶对生或近对生，坚纸质至薄革质，侧脉弧形上升，两面略凸。圆锥花序长 7~15 厘米；花瓣中部具不明显的羽状脉或近无脉，开花时外卷；雄蕊伸出，花丝线形。核果大，压扁，外果皮薄，淡黄色，蜡质，白色，果核坚硬。

生境 生于海拔 700~1000 米的林中。

分布 挂天瀑、狮子峰。

青榨槭 *Acer davidii* subsp. *davidii*

主要特征:落叶乔木。树皮常纵裂成蛇皮状。冬芽具柄，鳞片 2 对。单叶，叶纸质，长圆状卵形，先端锐尖或渐尖，常有尖尾，基部近心形,边缘具不整齐的钝圆齿。花杂性，黄绿色，雄花与两性花同株，成下垂的总状花序；顶生于着叶的嫩枝；萼片 5；花瓣 5；雄蕊 8。翅果。

 生于海拔 1000 米以下的林缘、林下。
分布 挂天瀑、仙人台、大崎山。

葛萝槭 *Acer davidii* subsp. *grosseri*

主要特征: 落叶乔木。树皮光滑，淡褐色。叶纸质，单叶，边缘具密而尖锐的重锯齿；5 裂，中裂片三角形或三角状卵形；上面深绿色，无毛；下面淡绿色。花淡黄绿色,单性，雌雄异株，常成细瘦下垂的总状花序；花瓣 5，倒卵形；雄蕊 8，在雌花中不发育。翅果嫩时淡紫色，成熟后黄褐色。

 生于海拔 650~1350 米的天然次生阔叶林中。
分布 挂天瀑、龟峰山。

垂枝泡花树 *Meliosma flexuosa*

主要特征：落叶灌木或小乔木，高达 5 米。单叶膜质，倒卵形或倒卵状椭圆形，边缘具齿，叶两面疏被毛，中脉伸出成凸尖；叶柄上面具宽沟，基部稍膨大包裹腋芽。圆锥花序顶生，主轴及侧枝在果序时呈"之"形曲折；花白色；萼片卵形或广卵形，外 1 片特别小，具缘毛。核果近卵形，核极扁斜。

生境 生于海拔 700~1200 米的山坡，沟谷两侧杂木林中及林缘。

分布 麒麟沟、大沟、大崎山。

清风藤 *Sabia japonica*

生境 生于海拔 900 米以下的山麓林缘或沟边。

分布 横岗山、薄刀峰。

主要特征：落叶攀援木质藤本。叶近纸质，卵状椭圆形、卵形或阔卵形，叶面深绿色，叶背带白色。花先叶开放，单生于叶腋，基部有苞片，苞片倒卵形；果时花梗增长；萼片近圆形或阔卵形，具缘毛；花瓣 5 片，淡黄绿色，倒卵形或长圆状倒卵形，具脉纹；花药狭椭圆形，外向开裂。核有明显的中肋。

封怀凤仙花 *Impatiens fenghwaiana*

主要特征： 一年生草本。茎肉质，下部常具黑色斑点，下部节膨大。叶膜质，互生或在茎上端密集，顶端渐尖，无腺体，边缘具粗圆齿状齿，侧脉 7~9 对。总花梗细，单生于上部叶腋，明显短于叶；花梗纤细，粉红色；翼瓣近无柄，背部具半月形、反折的小耳。蒴果线形，顶端喙状尖。

生境	生于海拔 500~1000 米的林缘或草地潮湿处。
分布	挂天瀑、三省垴。

浙皖凤仙花 *Impatiens neglecta*

主要特征：一年生草本。叶互生，叶片膜质，长圆状卵形，常具 1~3 对球形腺体，边缘具粗锯齿，侧脉 5~7 对。总花梗粗，生于上部叶腋，具 1 花；花淡紫色，侧生萼片 2，不等侧，具狭翅；旗瓣宽卵形，中肋背面具翅；翼瓣具柄，2 裂，背部具月牙形反折的小耳；唇瓣宽漏斗形，基部渐狭成长约 3.5 厘米内弯的距。蒴果线状圆柱形，种子多数。

生境 生于海拔 1000~1200 米的山坡林下或溪边潮湿处。

分布 吴家山。

冬青 *Ilex chinensis*

主要特征: 常绿乔木。树皮灰黑色。叶片薄革质，椭圆形或披针形，叶面绿色，有光泽，主脉在叶面平，背面隆起，侧脉 6~9 对。雄花序具 3~4 回分枝，每分枝具花 7~24 朵；花淡紫色或紫红色；雌花序具 1~2 回分枝，具花 3~7 朵。果长球形，成熟时红色；分核 4~5，凹形，断面呈三棱形，内果皮厚革质。

生境 生于海拔 500~1000 米山坡的常绿阔叶林中和林缘。

分布 龟峰山、大崎山。

大柄冬青 *Ilex macropoda*

主要特征： 常绿乔木。树皮灰褐色。小枝具棱及瘤点。叶厚革质，矩圆形，先端渐尖，基部近圆形，边缘尖锯齿，侧脉 10~13 对；叶柄粗大扁平，长 1~2.5 厘米。花黄绿色，4 数；假圆锥花序；雄花序具花 3~9，花梗长 7~8 毫米，萼裂片圆形，花冠反曲，花瓣卵状长圆形；雌花序每枝 1~3 花。果球形，径 3~8 毫米，红色。

生境	生于海拔 1300~1500 米的山地杂木林中。
分布	薄刀峰。

具柄冬青 *Ilex pedunculosa*

主要特征： 常绿灌木。小枝紫褐色，具棱。叶薄革质，卵状椭圆形，先端短渐尖，基部圆或宽楔形，边缘中部以上具 1~2 疏锯齿，稀叶脉被毛；叶柄长 1~2 厘米。花 4~5 数，黄白色；雄花数朵排成腋生聚伞花序；萼裂片三角形；花瓣卵圆形；雌花单生或 3 朵排成聚伞花序。果球形，红色。

生境	生于海拔 1200 米左右的山地阔叶林、灌木丛中或林缘。
分布	桃花溪。

野鸦椿 *Euscaphis japonica*

主要特征: 落叶小乔木或灌木，枝叶揉碎后发出恶臭气味。叶对生，奇数羽状复叶，长 12~32 厘米，小叶 5~9，长卵形或椭圆形，边缘具疏短锯齿，齿尖有腺休，小托叶线形。圆锥花序顶生；果皮软革质；种子具假种皮。

生境	生于海拔 1000 米以下的山坡、沟谷阔叶林中或山麓林缘。
分布	挂天瀑、大沟、天马寨、龟峰山。

省沽油 *Staphylea bumalda*

主要特征:落叶灌木。树皮紫红色或灰褐色，有纵棱。复叶对生，有长柄，柄长 2.5~3 厘米，具三小叶；小叶椭圆形或卵状披针形。圆锥花序顶生；萼片长椭圆形，浅黄白色；花瓣 5，白色，倒卵状长圆形。蒴果膀胱状，果皮薄膜质，泡状膨大；种子无假种皮。

生境	生于海拔 1200 米以下的路旁、山地林中。
分布	薄刀峰、吴家山。

猫乳 *Rhamnella franguloides*

主要特征：落叶灌木或小乔木。幼枝绿色，被短柔毛。叶倒卵状长圆形，长 4~12 厘米，边缘具细锯齿，背面被柔毛或仅沿脉被毛；托叶披针形，长 3~4 毫米，宿存。花黄绿色，6~18 朵排成腋生聚伞花序；萼片边缘被短毛；花瓣与萼互生。核果圆柱形，长 7~9 毫米，成熟时红色或橘红色，干后变黑色或紫黑色。

生境 生于海拔 1100 米以下的山坡、路旁或林中。

分布 薄刀峰。

长叶冻绿 *Rhamnus crenata*

主要特征：落叶灌木或小乔木，高达 7 米，无刺。小枝被疏柔毛。叶纸质，互生，叶片倒卵状椭圆形或披针状椭圆形，顶端尾状长渐尖至急尖，基部楔形或钝，边缘具圆齿或细锯齿。聚伞花序腋生；花瓣近圆形，顶端 2 裂；雄蕊与花瓣等长；子房球形，3 室，花柱不分裂。核果近球形，径 6~7 毫米，具 3 分核，各具 1 种子；种子无沟。

生境分布 生于海拔 1200 米以下的山地林下或灌丛。龟峰山。

圆叶鼠李 *Rhamnus globosa*

主要特征：落叶灌木，稀小乔木，高 2~4 米。小枝对生或近对生，顶端具针刺。叶对生或近对生，稀互生，在短枝上簇生，叶片近圆形、倒卵状圆形或卵圆形，边缘具细钝锯齿；叶柄长 6~10 毫米，密被柔毛。花单性，雌雄异株，数朵至 20 朵簇生于短枝顶端或长枝下部叶腋，4 基数，有花瓣；花柱 2~3 浅裂或半裂。核果近球形，熟时黑色。

生境分布 生于海拔 500~1300 米的山坡、林下或灌丛。龟峰山。

皱叶鼠李 *Rhamnus rugulosa*

主要特征: 灌木。当年生枝灰绿色,后变红紫色,互生,枝端有针刺;腋芽小,卵形,鳞片数个,被疏毛。叶厚纸质,通常互生,倒卵状椭圆形或卵状椭圆形。花单性,雌雄异株,黄绿色;雄花数个至 20 个,雌花 1~10 个,簇生于当年生枝下部或短枝顶端,雌花有退化雄蕊。核果倒卵状球形,成熟时紫黑色,具 2~3 分核。

| 生境 | 生于海拔 500~1300 米的山坡、路旁或沟边灌丛。 |
| 分布 | 龟峰山、大崎山。 |

三裂蛇葡萄 *Ampelopsis delavayana*

主要特征： 木质藤本。卷须 2~3 叉分枝，与叶对生。叶为 3 小叶，侧生小叶基部不对称，边缘有粗锯齿，侧脉 5~7 对。多歧聚伞花序与叶对生，花序梗长 2~4 厘米；花萼碟形，边缘呈波状浅裂；花瓣 5，卵状椭圆形；雄蕊 5；花盘明显，5 浅裂；子房下部与花盘合生，花柱明显，柱头不明显扩大。果实近球形，有种子 2~3 颗。

生境 生于海拔 1200 米以下的山谷林中或山坡灌丛。

分布 三角山、大崎山。

乌蔹莓 *Cayratia japonica*

主要特征: 草质藤本。小枝圆柱形, 微被疏柔毛。花序腋生, 复二歧聚伞花序; 萼碟形, 边缘全缘或波状浅裂; 花瓣 4, 三角状卵圆形, 外面被乳突状毛; 雄蕊 4, 花药卵圆形; 花盘发达, 4 浅裂; 子房下部与花盘合生。果实近球形, 有种子 2~4 颗; 种子三角状倒卵形。

生境	生于低海拔的山谷林中或山坡灌丛。
分布	广泛分布。

刺葡萄 *Vitis davidii*

主要特征：木质藤本。小枝密生皮刺。卷须二叉状分支，叶薄纸质，宽卵形或五角状卵形，先端短渐尖，基部心形。花小，花萼不明显，5 浅裂，花瓣 5。浆果球形，蓝紫色。

| 生境 | 生于海拔 600~1200 米的山坡、沟谷林中或灌丛。 |
| 分布 | 挂天瀑。 |

扁担杆 *Grewia biloba*

主要特征：灌木或小乔木。嫩枝被粗毛。叶薄革质，椭圆形，长 4~9 厘米，基出脉 3 条，边缘有细锯齿；托叶钻形，长 3~4 毫米。聚伞花序腋生，苞片钻形，长 3~5 毫米；萼片狭长圆形，长 4~7 毫米，外面被毛；花瓣长 1~1.5 毫米；子房有毛，柱头扩大，盘状。核果红色，有 2~4 颗分核。

生境	生于海拔 700 米以下的沟谷、路边或山麓林缘。
分布	三角山、大崎山。

芫花 *Daphne genkwa*

主要特征：落叶灌木。小枝圆柱形，多具皱纹，幼枝、叶背和萼筒被淡黄色丝状柔毛。叶近对生，纸质，长圆形，长 3~4 厘米，侧脉 5~7 对；叶柄几无。花先叶开放，紫色，3~6 朵簇生叶腋；花萼筒状，裂片 4；雄蕊 8，2 轮，着生于萼筒的上部和中部，花药黄色，伸出喉部。果实肉质，白色，包藏于宿存的萼筒下部，具 1 颗种子。

生境	生于海拔 300~1000 米的林缘、草地。
分布	挂天瀑、桃花冲、龟峰山。

多毛荛花 *Wikstroemia pilosa*

主要特征：落叶小灌木。小枝纤细，圆柱形，被长绒毛。叶膜质，卵形、椭圆状卵形或椭圆形，先端锐尖，基部宽或圆形。总状花序,顶生或腋生，具总花梗，密被绒毛；花深黄色，具短梗，花萼筒状，中间膨大。核果红色。

生境 生于海拔 600~1200 米的山坡、路旁、灌丛。

分布 挂天瀑。

胡颓子 *Elaeagnus pungens*

主要特征：常绿直立灌木，具刺，幼枝、叶背、花萼筒和幼果密被锈色鳞片。叶革质，椭圆形，长 5~10 厘米，边缘微反卷或皱波状，侧脉 7~9 对。白色花，下垂，1~3 花生于叶腋；萼筒长 5~7 毫米，雄蕊花丝极短，花药矩圆形。果实椭圆形，长约 1 厘米，成熟时红色。

生境	生于海拔 1000 米以下的向阳山坡或路旁。
分布	挂天瀑、桃花冲。

山桐子 *Idesia polycarpa*

主要特征:乔木或灌木。小枝圆柱形，细而脆，黄棕色，有明显的皮孔，有时具刺。单叶互生，全缘或有锯齿；托叶无或早落；叶掌状脉，叶柄长。花单性，雌雄异株或杂性，黄绿色，有芳香，花瓣缺，排列成顶生下垂的圆锥花序，花序梗有疏柔毛。浆果成熟期紫红色，扁圆形；种子无翅。

生境 生于海拔 900~1400 米的山地林缘。

分布 挂天瀑、薄刀峰。

董菜 *Viola arcuata*

主要特征：多年生草本，高 5~20 厘米。基生叶宽心形或肾形，边缘具内弯的浅圆齿；茎生叶疏生；基生托叶下部与叶柄合生，茎生托叶离生。花小，白色或淡紫色；侧方花瓣里面基部有短须毛，下方花瓣连距长约 1 厘米，下部有深紫色条纹；花柱棍棒状，基部细且明显向前膝曲，柱头 2 裂。蒴果长圆形，种子多数。

生境	生于海拔 800~1300 米的湿草地、灌丛、杂木林林缘。
分布	薄刀峰、昭关。

南山堇菜 *Viola chaerophylloides*

主要特征： 多年生草本，无地上茎。基生叶 2~6 枚，具长柄；叶片 3 全裂，侧裂片 2 深裂，中央裂片 2~3 深裂；托叶膜质，逾半与叶柄合生。花较大，径 2~2.5 厘米，白色、乳白色或淡紫色，有香味；花梗中部以下有 2 枚小苞片；萼片基部附属物发达，具 3 脉；下方花瓣有紫色条纹，连距长 16~20 毫米。蒴果大，长椭圆状，长 1~1.6 厘米。

生境 生于海拔 1300 米以下的山地阔叶林下或林缘、溪谷阴湿处。

分布 吴家山。

球果堇菜 *Viola collina*

主要特征：多年生草本。根状茎粗而肥厚。叶均基生，呈莲座状；叶片宽卵形或近圆形，边缘具浅而钝的锯齿，两面密生白色短柔毛；叶柄具狭翅；托叶膜质，披针形，先端渐尖，基部与叶柄合生。花淡紫色，具长梗；萼片长圆状披针形或披针形，具缘毛和腺体；花瓣基部微带白色。蒴果球形，密被白色柔毛，成熟时果实接近地面。

生境　生于海拔 900 米的林缘、草坡、沟谷及路旁较阴湿处。

分布　天马寨、桃花冲。

七星莲 *Viola diffusa*

主要特征：一年生草本，全体被糙毛或白色柔毛。匍匐枝先端通常生不定根。根状茎短，具多条白色细根及纤维状根。基生叶丛生呈莲座状，或于匍匐枝上互生；叶片卵形或卵状长圆形；叶柄明显具翅；托叶基部与叶柄合生，2/3 离生，线状披针形。花较小，淡紫色或浅黄色，具长梗；花柱棍棒状。蒴果长圆形。

生境 生于海拔 1000 米的山林、林缘、草坡、溪谷、岩石裂缝。

分布 广泛分布。

紫花地丁 *Viola philippica*

主要特征: 多年生草本,无地上茎,高 4~15 厘米。根状茎短,节密生。叶多数,基生,莲座状,两面被细短毛; 托叶膜质, 离生部分线状披针形。花梗通常多数, 细弱,无毛或有短毛; 萼片卵状披针形或披针形; 花瓣倒卵形或长圆状倒卵形; 花药长约2 毫米; 子房卵形, 花柱棍棒状。蒴果长圆形; 种子卵球形。

生境	生于海拔 1200 米以下的田间、荒地、山坡草丛、灌丛。
分布	挂天瀑、桃花冲。

中国旌节花 *Stachyurus chinensis*

主要特征：落叶或常绿，灌木或小乔木，稀藤本。枝、茎具白色髓心；芽鳞 2~4。单叶互生，边缘有锯齿；托叶小。花两性或杂性异株，总状花序或穗状花序，腋生，萼片、花瓣各 4 枚。浆果球形，4 室；种子小，多数，具假种皮。

生境 生于海拔 400~1000 米的山坡谷地林中或林缘。

分布 桃花溪。

中华秋海棠 *Begonia grandis* subsp. *sinensis*

主要特征：中型草本。茎高 20~70 厘米，几无分枝，外形似金字塔形。叶较小，椭圆状卵形至三角状卵形，先端渐尖，基部心形，宽侧下延呈圆形。花序较短，呈伞房状至圆锥状二歧聚伞花序；花小，雄蕊多数，整体呈球状；花柱基部合生，有分枝，柱头呈螺旋状扭曲。蒴果具 3 不等大的翅。

生境 生于海拔 300~900 米阴凉潮湿环境中的岩石上。

分布 桃花溪。

盒子草 *Actinostemma tenerum*

主要特征： 纤细攀援草本。茎被长柔毛。单叶互生，叶片不裂或 3~5 裂；边缘有疏锯齿；叶形变异大，心状戟形或披针状三角形。雄花总状或圆锥花序，花萼裂片线状披针形，花冠裂片披针形；雌花单生、双生或雌雄同序，花萼和花冠同雄花。果实长圆状椭圆形。

生境 生于海拔 500 米以下的水边草丛中。

分布 龟峰山。

南赤爬 *Thladiantha nudiflora*

主要特征: 草质藤本，全体密生柔毛状硬毛。茎有较深的棱沟。叶质稍硬，卵状心形，长 5~15 厘米，边缘具胼胝状细齿。卷须密被硬毛，2 歧。雌雄异株。雄花为总状花序，萼筒宽钟形，3 脉;花冠黄色，长 1.2~1.5 厘米，5 脉;雄蕊 5，着生于萼筒檐部。雌花单生，较雄花大;柱头膨大，2 浅裂。果梗粗壮，果实长圆形，干后红褐色。

生境	生于海拔 600~1000 米的沟边、林缘或山坡灌丛。
分布	三省垴、桃花冲。

高山露珠草 *Circaea alpina*

主要特征: 多年生草本。茎纤细,被短柔毛。叶对生,卵状三角形或宽卵状心形,边缘基部以上有粗锯齿,上面疏被短毛,背面稍带紫色,叶柄与叶片近等长。总状花序顶生或腋生,花序轴被短柔毛;花小,两性;萼片卵形,裂片 2,紫红色;花瓣 2;白色,倒卵形。坚果棒状,外面被白色钩状毛。

生境 生于海拔 800~1200 米的林下阴湿处或草丛。

分布 挂天瀑、南武当、麒麟沟。

月见草 *Oenothera biennis*

主要特征: 直立二年生草本,高 50~200 厘米,常混生腺毛。叶片倒披针形,边缘具稀疏钝齿。花序穗状;苞片叶状,果时宿存;萼片先端骤缩成尾状,开放时自基部反折;花瓣黄色,宽倒卵形,长 2.5~3 厘米;子房圆柱状,长 1~1.2 厘米;花柱长 3.5~5 厘米,伸出。蒴果锥状圆柱形,具明显纵棱。

生境	生于海拔 800~1000 米的开阔的路边、荒坡。
分布	桃花冲。

八角枫 *Alangium chinense*

主要特征：落叶乔木或灌木，高 3~5 米。冬芽锥形，鳞片细小。叶纸质；总花梗常分节；花瓣 6~8，线形，基部粘合，上部开花后反卷，外面有微柔毛；雄蕊和花瓣同数而近等长，花丝略扁，有短柔毛，药隔无毛，外面有时有褶皱；子房 2 室，柱头头状，常 2~4 裂。核果卵圆形，顶端有宿存的萼齿和花盘，种子 1 颗。

 生境 **分布**
生于海拔 1200 米以下的林下、林缘。挂天瀑、麒麟沟。

灯台树 *Cornus controversa*

主要特征:落叶乔木。叶互生,纸质,阔卵形。总花梗淡黄绿色;花小,白色,花萼裂片 4,三角形,外侧被短柔毛;花瓣 4,长圆披针形,先端钝尖,外侧疏生平贴短柔毛;花盘垫状,花柱圆柱形,柱头小,头状,淡黄绿色。核果球形,成熟时紫红色至蓝黑色;核骨质,球形,顶端有一个方形孔穴。

生境	生于海拔 200~1400 米的阔叶林或混合阔叶林。
分布	挂天瀑、龟峰山。

四照花 *Cornus kousa* subsp. *chinensis*

主要特征：落叶小乔木。叶对生，薄纸质，卵形或卵状椭圆形，先端渐尖，有尖尾。头状花序球形，由40~50朵花聚集而成；总苞片4，白色，先端渐尖；总花梗纤细，被白色贴生短柔毛；花小，花萼管状，上部4裂，裂片钝圆形或钝尖形，外侧被白色细毛，内侧微被白色短柔毛；花盘垫状；子房下位，花柱圆柱形，密被白色粗毛。果序球形。

生境 生于海拔400~1200米的混交林、山谷、阴坡、河岸、路旁。

分布 薄刀峰。

青荚叶 *Helwingia japonica*

主要特征:落叶灌木,高 1~3 米。嫩枝绿色或紫绿色。叶互生,卵形或卵状椭圆形,罕为卵状披针形,边缘为细锯齿,近基部有刺状齿;托叶钻状,边缘具睫毛。雄花 5~12 朵形成密聚伞花序,雌花具梗,单生或 2~3 朵簇生于叶上面中脉的中部或近基部;花瓣 3~5,三角状卵形;雄花具雄蕊 3~5;雌花子房下位,3~5 室,花柱 3~5 裂。核果近球形,黑色。

生境	生于海拔 1200 米以下的山谷、河岸、路旁。
分布	桃花冲。

常春藤 *Hedera nepalensis* var. *sinensis*

主要特征: 常绿攀援灌木。茎
具气生根。单叶互生。花两性,
伞形花序单个顶生或几个组成
短圆锥状;花梗无关节;萼筒具
5 小齿,花瓣 5。浆果球形;种
子卵圆形。

生境 生于海拔 900 米以下的石壁、树上。
分布 挂天瀑、大崎山。

重齿当归 *Angelica biserrata*

主要特征： 多年生高大草本。茎中空，常带紫色。叶二回三出式羽状全裂，茎生叶叶柄基部膨大成半抱茎的厚膜质叶鞘，叶缘有不整齐的重锯齿。复伞形花序，总苞片 1，小总苞片 5~10；伞辐 10~25，小伞形花序有花 17~36 朵。果实椭圆形，背棱隆起，棱槽间有油管 1~3，合生面有油管 2~6。

生境 生于海拔 1000~1600 米的疏灌丛、潮湿的山坡。

分布 挂天瀑。

拐芹 *Angelica polymorpha*

主要特征: 多年生草本。茎单一,细长,中空,有浅沟纹,节处常为紫色。复伞形花序直径 4~10 厘米,花序梗、伞辐和花柄密生短糙毛;萼齿退化,少为细小的三角状锥形;花柱短,常反卷。果实长圆形至近长方形,基部凹入,背棱短翅状,侧棱膨大成膜质的翅,与果体等宽,棱槽内有油管 1,合生面 2,油管狭细。

生境 生于海拔 1000~1500 米的森林,潮湿的草地,河岸。

分布 挂天瀑。

鸭儿芹 *Cryptotaenia japonica*

主要特征：多年生草本，高 20~100 厘米。叶片轮廓三角形至广卵形，长 2~14 厘米，通常为 3 小叶。复伞形花序呈圆锥状，花序梗不等长；总苞片 1；伞辐 2~3，小总苞片 1~3；小伞形花序有花 2~4，花柄极不等长；花瓣白色，倒卵形。分生果线状长圆形，长 5 毫米，合生面略收缩，每棱槽内有油管 1~3，合生面油管 4。

生境 生于海拔 200~1400 米的林下较阴湿处。

分布 挂天瀑、麒麟沟。

水芹 *Oenanthe javanica*

主要特征：多年生草本，直立或基部匍匐。叶片轮廓三角形，1~2回羽状分裂，边缘有锯齿。复伞形花序顶生，花序梗长 2~16 厘米，伞辐 6~16；小总苞片 2~8，小伞形花序有花 20 余朵；花瓣白色，有一长而内折的小舌片；花柱基圆锥形。果实近于四角状椭圆形，侧棱较背棱和中棱隆起；每棱槽内油管 1，合生面油管 2。

生境	生于海拔 600~1000 米的沼泽、河岸。
分布	横岗山。

小窃衣 *Torilis japonica*

主要特征：一年生或多年生草本，高20~120厘米。茎有纵条纹及刺毛。复伞形花序顶生或腋生，有倒生的刺毛；小伞形花序有花4~12，总苞片3~6。果实圆卵形，通常有内弯或呈钩状的皮刺；皮刺基部阔展，粗糙。

生境 生于低海拔的杂木林下、林缘、路旁、河沟边以及溪边草丛。

分布 广泛分布。

窃衣 *Torilis scabra*

主要特征：一年生或二年生草本，全体被粗毛或柔毛。叶片膜质，1~2回羽状分裂或多裂，最后裂片窄狭。花序为疏松的复伞形花序，伞辐2~4；花白色或带红色；萼齿显著，尖锐，花瓣倒卵形。果实卵圆形或长圆形，有皮刺或瘤状突起。

生境 生于低海拔的山坡林下、路旁、河边及空旷草地。

分布 广泛分布。

水晶兰 *Monotropa uniflora*

主要特征： 多年生腐生肉质草本；无叶绿素，白色，半透明状，干后变黑褐色，根系细而交织。叶鳞片状，直立，互生，长圆形、狭长圆形或宽披针形。花单一顶生，先下垂后直立，花冠筒状钟形，直径 1~1.6 厘米；花瓣 5~6，离生，楔形或倒卵状长圆形，有不整齐的齿，内侧常有密长粗毛，早落；雄蕊 10~12，花丝有粗毛，花药黄色；花盘 10 齿裂；子房中轴胎座，5 室，柱头膨大成漏斗状。蒴果椭圆状球形，直立向上，长约 1.5 厘米。

生境 生于海拔 1200 米左右的山地松林下。

分布 桃花冲、昭关。

鹿蹄草 *Pyrola calliantha*

主要特征：多年生常绿草本。根状茎细长，横生，多分枝。基生叶 5~7 片，革质，卵圆形，边缘反卷，全缘或具疏锯齿，上面暗绿色，背面及叶柄呈紫红色，叶脉明显。总状花序；苞片舌形，与花梗等长或稍长；花瓣白色或稍带粉红色，倒卵状椭圆形，花柱弯曲伸出花冠之外。蒴果扁球形。

生境	生于海拔 700~1000 米的松林或阔叶林下。
分布	吴家山、薄刀峰。

云锦杜鹃 *Rhododendron fortunei*

主要特征：常绿灌木或小乔木，高 4~9 米。叶厚革质，常簇生于枝顶，长圆状椭圆形，先端圆或钝尖。总状花序顶生，有花 6~12 朵，芳香；总花梗长 3~5 厘米，有腺体；花冠漏斗状钟形，粉红色，外面基部被腺体，裂片 7；雄蕊 14，花丝无毛；子房 10 室，密被腺体，花柱被白色或黄色腺体。蒴果长圆柱形。

生境 生于海拔 800~1600 米的林缘或林下。
分布 横岗山。

黄山杜鹃 *Rhododendron maculiferum* subsp. *anhweiense*

主要特征：常绿灌木。树皮黑灰色。顶生总状伞形花序，有花 7~10 朵，花梗细圆柱形；花萼小，裂齿 5；花冠宽钟形红色至白色，内面基部有深紫色斑块，裂片 5，宽卵形，顶端有浅缺刻；雄蕊 10，不等长，花丝白色，基部有白色微柔毛，花药长圆状椭圆形，紫黑色；子房圆锥形，柱头小，绿色，头状。蒴果圆柱形。

生境	生于海拔 750~1700 米的林缘、绝壁及山谷密林。
分布	吴家山、天堂寨。

满山红 *Rhododendron mariesii*

主要特征： 落叶灌木，高 1~3 米。小枝近轮生，幼时被淡黄色绢毛。叶 2~3 片簇生枝顶，厚纸质，卵状披针形或卵圆形，先端急尖，有短尖头，基部楔形，中部以上有不明显锯齿。花 1~2 朵顶生；花冠漏斗形，玫瑰红色，长 3 厘米，5 深裂，上侧裂片有紫红色斑点；雄蕊 10，与花冠等长。蒴果圆柱形，密被长柔毛。

生境 生于海拔 600~1500 米的山地稀疏灌丛。

分布 吴家山、薄刀峰、龟峰山、天马寨、横岗山。

羊踯躅 *Rhododendron molle*

主要特征：落叶灌木，高达 1.5 米。幼枝被柔毛和刚毛。叶互生，纸质，两面被柔毛。伞形总状花序顶生，有花 5~10 朵；被柔毛；花萼 5 裂，裂片不等大，长 3~7 毫米，被柔毛和长睫毛；花冠漏斗状，金黄色，裂片 5，雄蕊 5，伸出，弯弓，花丝中下部被柔毛，花柱无毛。蒴果长圆形，长 2.5 厘米。

生境 生于海拔 500 米以下的山坡灌丛或山脊杂木林下。

分布 桃花冲、天马寨。

杜鹃 *Rhododendron simsii*

主要特征： 落叶灌木，高 1~3 米。叶互生，二型，春叶长圆状椭圆形，先端急尖或渐尖，基部楔形或宽楔形，两面被平伏糙毛，中脉更密；夏叶倒卵形或倒披针形；叶柄长 2~6 毫米，密被平伏糙毛。花 2~6 朵生于枝顶；花冠漏斗状，粉红色至鲜红色，雄蕊10，子房被平伏褐色糙毛。蒴果卵圆形，长 8 毫米，被糙毛。

生境 生于海拔 400~1200 米丘陵的山坡灌丛、林下和路边。
分布 天马寨、天堂寨、龟峰山。

紫金牛 *Ardisia japonica*

主要特征：小灌木或半灌木。具匍生根茎。叶对生或轮生，椭圆形、狭椭圆形或椭圆状卵形，边缘具锯齿。花序近伞形，有花2~5朵；总花梗长5~7毫米，被微柔毛；花白色或粉红色，花萼裂片三角状卵形，花冠裂片阔卵形；雄蕊较花冠略短，背部具腺点；雌蕊与花冠几等长。果球形，鲜红色，后变紫黑色，具疏腺点。

生境	生于海拔约1000米以下的阔叶林阴湿的地方。
分布	桃花冲。

珍珠菜 *Lysimachia clethroides*

主要特征:多年生草本,高 40~100 厘米,全株多少被黄褐色卷曲柔毛。茎直立,基部带红色。叶互生,长椭圆形或阔披针形,两面散生黑色粒状腺点。总状花序顶生,长约 6 厘米,花密集;苞片线状钻形,比花梗稍长;花萼 5 深裂达基部,具腺状缘毛;花冠白色,长 5~6 毫米,5 深裂;花丝基部 1 毫米连合。蒴果近球形。

生境	生于海拔 300~1200 米的疏林下湿润处或溪边近水潮湿处。
分布	吴家山。

聚花过路黄 *Lysimachia congestiflora*

主要特征: 匍匐草本。节上生根, 上部及分枝上升, 圆柱形, 密被多细胞卷曲柔毛。叶对生, 茎端的 2 对间距短, 叶片卵形至圆形, 近等大, 先端锐尖或钝, 基部近圆形或截形, 稀略呈心形。花 2~4 朵集生茎端和枝端成近头状的总状花序; 花冠黄色, 内面基部紫红色。蒴果球形。

生境 生于海拔 1000 米以下的山地林园及草地湿处。

分布 横岗山。

点腺过路黄 *Lysimachia hemsleyana*

主要特征： 多年生匍匐草本。茎簇生，平铺地面，先端伸长成鞭状，圆柱形，密被多细胞柔毛。叶对生，阔卵形，先端锐尖，两面均有褐色或黑色粒状腺点和极少透明腺点。花单生于茎中部叶腋，极少生于短枝上叶腋；花萼5深裂几达基部，裂片散生褐色腺点；花冠黄色，长6~8毫米，5深裂，裂片散生暗红色或褐色腺点。蒴果近球形。

生境 生于海拔 400~1600 米的林缘空地、河岸。

分布 狮子峰、大崎山。

轮叶过路黄 *Lysimachia klattiana*

主要特征：多年生草本，高 15~40 厘米，全珠密被铁锈色多细胞柔毛。茎直立。叶 6 至多数，在茎端密集成轮生状，在茎下部各 3~4 枚轮生或对生，叶片披针形至狭披针形。花集生茎顶成伞形花序，稀在下方叶腋单生，疏被柔毛；花萼 5 深裂几达基部，被柔毛和黑色腺条；花冠黄色，长 10~12 毫米，5 深裂，裂片有棕色或黑色腺条。蒴果近球形。

生境	生于海拔 400~800 米的山区疏林下、林缘、荒野及路边。
分布	大沟、三省垴。

疏头过路黄 *Lysimachia pseudohenryi*

主要特征：多年生草本，高 10~30 厘米。茎直立或膝曲直立，密被多细胞柔毛。叶对生，叶片卵形或卵状披针形，两面均密被糙伏毛并散生粒状半透明腺点，具草质狭边。顶生总状花序缩短成近头状；花萼 5 深裂几达基部；花冠黄色，长10~15 毫米，5 深裂，裂片有透明腺点，花丝基部合生；子房和花柱下部被毛。蒴果近球形，径约 35 毫米。

生境 生于海拔 1500 米以下的林缘、灌丛。

分布 三省垴、桃花冲。

野柿 *Diospyros kaki* var. *silvestris*

主要特征： 落叶乔木，高达 15 米，小枝及叶柄密生黄褐色柔毛。叶椭圆状卵形，长 5~15 厘米，先端短尖，基部宽楔形或近圆形，下面淡绿色，有褐色柔毛，叶柄长 1~1.5 厘米。花雌雄异株或同株，雄花成短聚伞花序，雌花单生叶腋，花冠白色。果实较小，径 2~5 厘米。

生境	生于海拔 450~850 米的山坡林缘。
分布	大沟。

君迁子 *Diospyros lotus*

主要特征： 落叶小乔木；幼枝密被短柔毛。单叶互生，纸质，椭圆形，下面密被短柔毛，叶柄长 5~15 毫米。花单性异株，淡黄色或淡红色；花萼 4 裂，被柔毛，花冠 4 裂；雄花簇生，具短梗，雄蕊 16 枚；雌花单生叶腋，花柱 4，分离。浆果球形，蓝黑色，具蜡层；宿萼 4 深裂，稍反曲；果梗长约 2 毫米。

生境	生于海拔 550~1200 米的山坡灌丛。
分布	大沟。

小叶白辛树 *Pterostyrax corymbosus*

主要特征： 落叶乔木。叶纸质，倒卵形或椭圆形，幼叶两面被星状柔毛，后渐脱落，仅下面被星状柔毛，侧脉7~9对；叶柄长1~2厘米，被星状毛。花黄白色，长约1厘米，花梗短；伞房状圆锥花序，长3~8厘米；花萼长约3毫米，花冠裂片长1厘米，两面被星状毛；雄蕊10。果倒卵形，具5窄翅，密被星状绒毛，顶端具长喙。

生境分布 生于海拔1300米以下的山谷、林缘处。桃花溪。

野茉莉 *Styrax japonicus*

主要特征:灌木或小乔木。叶互生,椭圆形,长 4~10 厘米,上半部具疏离锯齿,下面脉腋有白色长髯毛,侧脉 5~7 对,两面均明显隆起。花 5~8 朵,呈总状顶生;花萼漏斗状,膜质,萼齿短而不规则;花冠白色,两面均被星状毛;花丝扁平,下部联合成管。果实卵形,外面密被灰色星状绒毛,有不规则皱纹。

生境 生于海拔 750~1300 米的山谷林缘中。
分布 三角山。

玉铃花 *Styrax obassis*

主要特征: 落叶乔木。叶互生，纸质，宽椭圆形，边缘粗锯齿，上面脉上疏被星状柔毛，下面密被灰白色星状绒毛，侧脉 5~8 对，叶柄长 1~2 厘米。花白色或粉红色，芳香；总状花序；花萼杯状，密被星状毛，5~6 齿裂；雄蕊较花冠裂片短，花柱与花冠裂片等长。果卵形，密被星状毛。

生境 生于海拔 700~1500 米的向阳疏林中。

分布 挂天瀑、薄刀峰。

白檀 *Symplocos paniculata*

主要特征:落叶灌木或小乔木。叶纸质，椭圆形或倒卵状椭圆形，先端急尖或渐尖，边缘细尖锯齿，下面灰白色，疏被毛。圆锥花序顶生，散开，花梗被柔毛；花萼 5 裂，疏被柔毛；花冠白色，裂片椭圆形；雄蕊 40~60，花丝基部合生成 5 体雄蕊；花柱与雄蕊等长，柱头不裂。核果卵形，蓝色，顶端宿萼直立。

生境 生于海拔 680~1540 米的山地林缘或灌丛。
分布 挂天瀑、薄刀峰。

老鼠矢 *Symplocos stellaris*

主要特征：常绿乔木或小乔木，高 5~10 米。茎皮光滑，灰黑色。叶厚革质，条状矩圆形或长椭圆状披针形，先端急尖或渐尖，基部楔形或宽楔形，全缘。团伞花序，腋生于二年生枝条上；花萼 5 裂，睫毛长；花冠白色，5 深裂近基部；雄蕊 18~25，较长于花冠裂片，子房无毛，柱头 5 裂。核果卵状圆柱形，具 6~8 纵棱，顶端宿萼裂片直立。

生境	生于海拔 500 米左右的山地、路旁、疏林中。
分布	横岗山。

金钟花 *Forsythia viridissima*

主要特征：落叶灌木。单叶对生，叶片长椭圆形至披针形，长 3~8 厘米，宽 1~2.5 厘米，先端尖，基部楔形，在中部 1/3 以上有锯齿，侧脉 3~5 对。花 1 至数朵簇生于叶腋，深黄色，先叶开放；花萼 4 朵裂；花冠直径 1.5~2.5 厘米，4 深裂；雄蕊 2，着生于花冠筒基部。蒴果，长约 1.5 厘米。

生境 生于海拔 1000 米以下的山坡溪沟边林缘和灌木丛中。

分布 天马寨。

苦枥木 *Fraxinus insularis*

主要特征: 落叶乔木。奇数羽状复叶，小叶 3~5，叶片卵形至卵状披针形或长圆形，长 5~12 厘米，先端渐尖，基部圆形、狭窄，边缘有疏浅齿，侧脉 8~12 对。圆锥花序生于当年生枝顶端或叶腋。花萼杯状；花冠白色,4 条裂;雄蕊 2。翅果长 2~3 厘米。

生境 生于海拔 1500 米以下的山坡杂木林中及沟边。

分布 挂天瀑、薄刀峰、天马寨、龟峰山。

小蜡 *Ligustrum sinense*

主要特征： 灌木或小乔木。叶革质，椭圆形至卵状披针形，长 2~6 厘米，先端锐尖或钝，基部宽楔形或圆形，背面中脉被短柔毛。圆锥花序顶生或腋生，长 4~10 厘米；花萼钟状，不等 4 齿裂或近平截；花冠白色。核果，直径 3~4 毫米。

生境	生于海拔 600 米以下的山坡林缘、路边或疏林中。
分布	挂天瀑、龟峰山。

牛皮消 *Cynanchum auriculatum*

主要特征： 蔓性半灌木。叶对生，宽卵形至卵状长圆形，长4~12厘米，先端短渐尖，基部心形。聚伞花序伞房状，有花约30朵；花萼裂片卵状长圆形；花冠白色；花粉块每室1个，下垂；柱头圆锥状。蓇葖果，长约8厘米，直径1厘米。

生境 生于海拔1000米以下的山坡林缘、路边灌丛或沟边湿地。
分布 挂天瀑、龟峰山。

255

萝藦 *Metaplexis japonica*

主要特征： 多年生草质藤本。叶对生，膜质，卵状心形，长 5~12 厘米，先端短渐尖，基部心形，背面粉绿色。聚伞花序总状式，腋生或腋外生；花萼裂片披针形，长 5~7 毫米；花冠白色，裂片披针形；雄蕊连生成圆锥状；柱头延伸成 1 长喙，顶端 2 裂。蓇葖果，长 8~9 厘米，直径 2 厘米。

| 生境 | 生于海拔 1000 米以下的林边荒地、河边、路旁灌丛。 |
| 分布 | 大崎山。 |

水团花 *Adina pilulifera*

主要特征: 常绿灌木至小乔木。叶对生，椭圆形至椭圆状披针形，长 4~12 厘米，顶端短尖至渐尖而钝，基部钝或楔形，侧脉 6~12 对。头状花序明显腋生。萼裂片线状长圆形或匙形；花冠白色，花冠裂片卵状长圆形；雄蕊 5 枚；子房 2 室。蒴果，直径 8~10 毫米。

生境 生于海拔 200~350 米的山谷疏林下或旷野路旁、溪边水畔。

分布 龙潭。

香果树 *Emmenopterys henryi*

主要特征：落叶乔木，高 16~20 米。树皮灰褐色；小枝具皮孔。单叶对生，叶片宽椭圆形至宽卵形，长 10~15 厘米，全缘，仅背面脉腋或脉上具疏毛。花序疏松，多花；花大，浅黄色；花冠漏斗状，两面密被细柔毛；雄蕊 5 枚，花药背着；花柱线形，子房下位，2 室，每室多数胚珠。果实长 2.5~5 厘米，红色。

生境	生于海拔 500~1100 米的山坡及路边林中。
分布	挂天瀑、桃花冲。

猪殃殃 *Galium aparine* var. *tenerum*

主要特征：一年生蔓生或攀援状草本。叶6~8枚轮生，线状倒披针形，长1~3厘米，顶端常具刺状突尖，基部渐狭，全缘，中脉明显。花3~10朵，聚伞花序；花小，黄绿色；花萼被钩毛；花冠裂片长圆形，长不到1毫米；雄蕊伸出，辐射状。果实具1或2枚近球状果瓣，密被钩状刺毛。

生境 生于海拔900米以下的山坡、沟边、河滩、草地。

分布 狮子峰。

日本蛇根草 *Ophiorrhiza japonica*

主要特征：多年生草本。直立或匍匐，节处生根，疏被柔毛。叶膜质，卵形或卵状椭圆形，长2.5~8厘米，宽2~4厘米，全缘，上面有稀疏短柔毛，侧脉7~10对；托叶早落。聚伞花序顶生，二歧分枝，有花5~10朵；花5数，具短梗；花冠漏斗状，内面被微柔毛；雄蕊生于花冠筒中部，柱头2裂。果实菱形，宽约4毫米。

生境 生于海拔200~1000米密林下或河畔、沟旁阴湿处。

分布 挂天瀑、桃花冲。

鸡矢藤 *Paederia foetida*

主要特征： 缠绕藤本。茎近无毛，全株揉碎后有臭味。叶对生，近革质，常为卵形、卵状长圆形至披针形，长 5~9（~15）厘米，全缘。圆锥花序式的聚伞花序腋生和顶生；花冠淡紫色，冠筒长约 10 毫米，被毛；雄蕊 5 枚，花药背着；花柱 2 枚，基部连合。核果球形，直径 5~7 毫米，内有 2 枚分核。

 生境 生于海拔 1000 米以下的沟旁、林缘灌丛。

分布 挂天瀑、龟峰山。

茜草 *Rubia cordifolia*

主要特征：多年生攀援草木。茎方形，具 4 棱。4 叶轮生，叶片卵圆形至卵状披针形，长 2~10 厘米，宽 2~5 厘米，全缘，脉上及叶缘具微小倒刺，基出 3~5 脉。聚伞花序顶生和腋生，常组成大而疏松的圆锥花序；花萼筒近球形；花冠黄白色或白色，辐状；雄蕊生于花冠筒喉部，花丝极短；花柱 2 深裂，柱头头状。浆果近球形。

生境	生于海拔 1000 米以下的山谷林地、草丛或路旁。
分布	狮子峰、天马寨。

南方菟丝子 *Cuscuta australis*

主要特征：一年生寄生草本。茎缠绕，纤细，无叶。花序侧生，多花簇生成小团伞花序；花萼杯状，基部连合，裂片 3~5，长圆形；花冠乳白色或淡黄色，杯状，裂片卵形或长圆形，约与花冠管近等长，直立，宿存；雄蕊着生于花冠裂片弯缺处；子房扁球形，花柱 2。蒴果，扁球形，直径 3~4 毫米。

生境	寄生于海拔 1000 米以下的田边、路旁的小灌木上。
分布	大崎山。

田紫草 *Lithospermum arvense*

主要特征: 一年生草本,高 15~35 厘米。茎直立,被短糙伏毛。叶倒披针形至线形,长 2~4 厘米,宽 3~7 毫米,全缘,两面均有短糙伏毛;无叶柄。聚伞花序生于分枝上部;花萼裂片线形,长约 4.5 毫米,两面均有短伏毛;花冠碟形,白色,有时淡蓝色;雄蕊着生于花冠筒下部;花柱长约 2 毫米。小坚果三角状卵形,长约 3 毫米,有疣状突起。

生境 生于海拔 800 米以下的山地草坡或田边、路旁。

分布 天马寨。

浙赣车前紫草 *Sinojohnstonia chekiangensis*

主要特征：多年生草本。根状茎细长，长达 15 厘米。基生叶数片，叶片长卵形，基部心形，两面密生短糙毛；茎生叶较小。花序有多花，密被短伏毛；花萼 5 深裂至基部，裂片线状披针形，背面密被短伏毛；花冠漏斗状，白色稍带淡红色；雄蕊 5，着生于花冠筒上部；子房 4 裂，花柱长约 6 毫米，柱头头状。小坚果 4，长 3~5 毫米。

生境	生于海拔 600~1000 米的林下阴湿处。
分布	挂天瀑、桃花冲。

盾果草 *Thyrocarpus sampsonii*

主要特征：一年生草本，高 20~40 厘米。茎 1 至数条，有长硬毛和短糙毛。基生叶丛生，匙形，长 3.5~10 厘米，全缘或有疏锯齿，两面被长硬毛和短糙毛；茎生叶较小。花序狭长，长 7~20 厘米；花生于苞腋或腋外；花萼长约 3 毫米，裂片背面和边缘有开展的长硬毛；花冠淡蓝色或白色，裂片开展；雄蕊着生在花冠筒中部。小坚果 4，长约 2 毫米。

生境 生于海拔 600 米以下的山坡草丛或灌丛下。

分布 横岗山。

附地菜 *Trigonotis peduncularis*

主要特征：一年生或二年生草本，高 5~30 厘米。茎直立，多分枝，被短糙伏毛。基生叶呈莲座状，叶片匙形，长 2~5 厘米，两面被糙伏毛；茎上部叶长圆形或椭圆形。镰状聚伞花序顶生，幼时卷曲，后渐次伸长；花冠 5 深裂，裂片长 1~3 毫米；花冠淡蓝色或粉色，筒部极短；雄蕊 5，花药先端具短尖头。小坚果 4，长约 1 毫米。

生境	生于海拔 1000 米以下的草地、林缘、田间及荒地。
分布	横岗山、三角山。

老鸦糊 *Callicarpa giraldii*

主要特征： 灌木，高 1~3 米。小枝被星状毛。叶纸质，宽卵形至披针状长圆形，长 5~15 厘米，边缘有锯齿，背面疏被星状毛和黄色腺点，侧脉 8~10 对。聚伞花序，被星状毛；花萼钟状，具黄色腺点；花冠紫色，具黄色腺点；雄蕊长约 6 毫米，花药卵圆形，药室纵裂；子房被毛。果球形，直径 2.5~4 毫米。

生境 生于海拔 1200 米以下的山坡疏林和灌丛。

分布 挂天瀑、大沟。

臭牡丹 *Clerodendrum bungei*

主要特征： 灌木，高 1~2 米，植株有臭味。小枝有皮孔。叶纸质，宽卵形，长 8~20 厘米，边缘具锯齿，侧脉 4~6 对，两面稍有糙毛，背面基部脉腋有数个盘状腺体。聚伞花序，花密集成伞房状，顶生；花萼钟状，被短柔毛和少数盘状腺体；花冠淡红色或紫红色；雄蕊及花柱均伸出花冠外；柱头 2 裂。核果近球形。

生境	生于海拔 800 米以下的林缘、路旁、沟谷及灌丛。
分布	三角山。

大青 *Clerodendrum cyrtophyllum*

主要特征： 灌木或小乔木。叶纸质，长圆形或长圆状披针形，长 6~20 厘米，全缘，背面常有腺点，侧脉 6~10 对。聚伞花序伞房状，生枝顶和叶腋；花小，有橘香味；花冠白色，外面被毛和腺点，花冠管细长，顶端 5 裂；雄蕊 4，与花柱同伸出冠外；子房 4 室，每室 1 胚珠。果球形，径 5~10 毫米。

生境 生于海拔 1300 米以下的丘陵、山地林缘、路边。

分布 挂天瀑、龟峰山。

海州常山 *Clerodendrum trichotomum*

主要特征： 灌木或小乔木，枝具皮孔。叶纸质，卵状椭圆形或三角状卵形，长 5~16 厘米，全缘或具波状齿，侧脉 3~5 对。聚伞花序伞房状，疏散，末次分枝着花 3 朵；花冠白色或粉红色，冠管细长，长约 2 厘米，顶端 5 裂；雄蕊花丝与花柱同伸出冠外；花柱较雄蕊短，柱头 2 裂。核果近球形，径 6~8 毫米。

生境 生于海拔 1000 米以下的山坡灌丛。

分布 龟峰山。

马鞭草 *Verbena officinalis*

主要特征：多年生草本，高 30~120 厘米。茎四方形，节和棱上有硬毛。叶对生，叶片倒卵形或长圆状披针形，长 2~8 厘米；基生叶边缘有粗锯齿和缺刻；茎生叶多为 3 深裂，裂片边缘有不整齐锯齿。穗状花序顶生和腋生；花小，花萼长 2 毫米，被硬毛；花冠淡紫色或蓝色，裂片 5；雄蕊 4，花丝短。蒴果长圆形，长约 2 毫米。

生境 生于海拔 1000 米以下山坡、路旁、溪边和林缘。

分布 广泛分布。

黄荆 *Vitex negundo*

主要特征：灌木或小乔木。小枝密被灰白色绒毛。掌状复叶，具 5 小叶，小叶片长圆状披针形至披针形，全缘或每边有少数锯齿，背面密被灰白色绒毛，中间小叶长 4~12 厘米，两侧小叶依次渐小。聚伞花序再形成圆锥状，顶生；花萼钟状，顶端 5 齿裂，外被灰白色绒毛；花冠淡紫色，顶端 5 裂，二唇形，雄蕊伸出花冠外。核果近球形。

生境 生于海拔 500 米以下山坡路旁或灌丛。

分布 挂天瀑、龟峰山、狮子峰。

金疮小草 *Ajuga decumbens*

主要特征：一年生或二年生草本，
全体被白色长柔毛或绵毛状长毛。
茎高 10~20 厘米。基生叶较多，
较茎生叶长而大，叶片薄纸质，
边缘具不整齐波状圆齿或近全缘，
侧脉 4 对。轮伞花序多花；花冠
淡蓝色或淡红紫色，稀白色，3 裂，
中裂片狭扇形或倒心形，侧裂片
长圆形或近椭圆形；雄蕊 4，2 强。

生境 生于低海拔的溪边、路旁及阴湿草地。
分布 大崎山、横岗山。

兰香草 *Caryopteris incana*

主要特征: 小灌木，高 26~60 厘米；
嫩枝被灰白色柔毛。叶片厚纸质，披
针形、卵形或长圆形，长 1.5~9 厘米，
边缘有粗齿。聚伞花序紧密，腋生和
顶生，花冠淡紫色，二唇形，外面具
短柔毛，花冠 5 裂，下唇中裂片较大，
边缘流苏状；雄蕊 4 枚。蒴果倒卵状
球形，被粗毛，果瓣有宽翅。

生境 生于低海拔较干旱的山坡、路旁
或林边。

分布 大崎山、三角山。

细风轮菜 *Clinopodium gracile*

主要特征:草本,高8~30厘米,
被倒向短柔毛。叶片卵形或卵
圆形,长1~3厘米,边缘具
疏圆齿,下面脉上被疏短硬毛,
侧脉2~3对。轮伞花序疏生,
或密集于茎顶端组成短总状
花序;花冠粉红色或淡紫色,

外面及内面喉部被微柔毛;雄蕊4。小坚果卵球形,褐色,光滑。

生境 生于低海拔的路旁、沟边、空旷草地。
分布 广泛分布。

绵穗苏 *Comanthosphace ningpoensis*

主要特征: 多年生草本，具木质根状茎。茎直立，近无毛。叶片边缘在基部以上具胼胝尖的锯齿，纸质，幼叶上面多少被小刚毛，下面被星状毛，侧脉 6~9 对。轮伞花序集生成顶生穗状花序；花冠淡红色至紫色，外面伸出部分密被白色星状绒毛，内面冠筒中部有一不规则的毛环；雄蕊 4。小坚果卵形或三棱状长圆形，有金黄色腺点。

生境 生于海拔 1000 米左右的林下。

分布 薄刀峰、龟峰山。

海州香薷 *Elsholtzia splendens*

生境分布 生于海拔 200~300 米的山坡路旁及草丛中。挂天瀑。

主要特征： 一年生草本。茎高 30~50 厘米，有近 2 列疏柔毛。叶卵状长圆形至长圆状披针形，长 3~6 厘米，边缘疏生整齐锯齿，上面有小纤毛，脉上更密，密布凹陷腺点。轮伞花序组成顶生穗状花序；花萼钟状，萼齿 5；花冠玫瑰红紫色，长 6~7 毫米，近漏斗形，外面密被柔毛，冠檐二唇形；花柱超出雄蕊。小坚果长圆形，具小疣。

活血丹 *Glechoma longituba*

主要特征： 多年生草本，具匍匐茎，逐节生根。茎
高 10~20 厘米。叶片心形或肾形，上部叶较大，长
1.8~2.5 厘米，边缘具圆齿，被粗伏毛或柔毛。轮伞花序通
常 2 花；萼齿 5，上唇 3 齿较长，下唇 2 齿较短；花冠淡蓝或蓝紫色，冠檐二唇形；
雄蕊 4，内藏；子房 4 裂，花盘杯状，花柱细长。小坚果长圆状卵形，长约 1.5 毫米。

生境 生于海拔 500~1200 米的疏林、草地、溪边等阴湿处。
分布 天马寨、龙潭、薄刀峰。

毛叶香茶菜 *Isodon japonicus*

主要特征：多年生草本，根茎木质。茎叶对生，卵形或阔卵形，长 6.5~13 厘米，边缘有粗大具硬尖头的钝锯齿，两面被微柔毛及腺点，侧脉约 5 对。圆锥花序由具 5~7 花的聚伞花序组成；花萼钟形，萼齿 5；花冠淡紫至蓝色，冠檐二唇形；雄蕊 4，花丝扁平；花柱伸出，先端相等 2 浅裂。小坚果卵状三棱形，顶端具疣状凸起。

生境 生于海拔 2100 米以下的山坡、谷地、路旁、灌木丛中。
分布 吴家山。

宝盖草 *Lamium amplexicaule*

主要特征： 一年生或二年生草本。茎中空，近无毛。叶片圆形或肾形，长 1~2 厘米，边缘具极深的圆齿，两面疏生糙伏毛。轮伞花序具 6~10 花；花萼管状钟形，萼齿 5，具缘毛；花冠紫红色或粉红色，长 1~7 厘米；花丝无毛，花药被长硬毛；花柱先端不相等浅 2 裂；花盘杯状，具圆齿。小坚果倒卵圆形，表面有白色大疣状突起。

| 生境 | 生于海拔 4000 米以下的路旁、林缘、沼泽草地及宅旁等地。 |
| 分布 | 广泛分布。 |

假鬃尾草 *Leonurus chaituroides*

主要特征：一年生或二年生草本。茎高30~100厘米，钝四棱形。茎下部叶早落，中上部叶轮廓为长圆形至卵圆形，长2.5~4厘米，3深裂，两面被微柔毛，下面有腺点，侧脉2~4对。轮伞花序腋生，具2~12朵花，组成长穗状花序；花萼陀螺状，萼齿5；花冠白色或紫红色；花柱稍长于雄蕊；花盘杯状。小坚果卵圆状三棱形。

生境	生于海拔1000米左右的山坡林缘、旷野荒地、草地或溪边。
分布	挂天瀑。

益母草 *Leonurus japonicus*

主要特征： 一年生或二年生草本。茎直立，钝四棱形，有糙伏毛。茎下部叶轮廓为卵形，掌状 3 裂，裂片再分裂；茎中部叶轮廓为菱形，常分裂成 3 个线状裂片。轮伞花序腋生，具 8~15 花；花萼管状钟形，具 5 脉，萼齿 5；花冠粉红至淡紫红色，冠筒长约 6 毫米；雄蕊 4。小坚果长圆状三棱形，长 2.5 毫米。

生境 生于海拔 1000 米以下的路边、林缘。
分布 吴家山、三角山、大崎山。

石香薷 *Mosla chinensis*

主要特征：一年生草本。茎高 10~40 厘米，四棱形，被白色疏柔毛。叶片线状长圆形或线状披针形，长 1.2~3.5 厘米，边缘具不明显的疏浅锯齿，两面均被短柔毛及棕色凹陷腺点。轮伞花序具 2 花，在枝顶密集成长 1~3 厘米的总状花序；花萼钟状，萼齿 5；花冠紫红、淡红至白色；雄蕊及雌蕊内藏；花盘前方呈指状膨大。小坚果球形。

生境　生于海拔 1000 米以下的山坡、路边草丛或林下。

分布　挂天瀑、大沟。

石荠苧 *Mosla scabra*

主要特征：一年生草本。茎直立，高 20~100 厘米，多分枝，四棱形，密被短柔毛。叶片卵形或卵状披针形，长 1.5~3.5 厘米，边缘基部以上有锯齿，上面被微柔毛，下面密布凹陷腺点。总状花序顶生；花萼钟形，长约 2.5 毫米，二唇形；花冠粉红色，长 4~5 毫米，内面基部具毛环；雄蕊 4，后对能育，前对退化。小坚果球形，直径约 1 毫米。

生境 生于海拔 800 米以下山坡、路旁或灌丛。
分布 挂天瀑、大沟。

283

牛至 *Origanum vulgare*

主要特征: 多年生草本或半灌木,芳香,具根状茎。叶片卵圆形或长圆状卵形,长 1~4 厘米,偶有疏齿,两面有柔毛和腺点,侧脉 3~5 对。花多数密集成小穗状花序,再由多数小穗状花序组成圆锥花序;花萼钟状,具 13 脉;花冠紫红、淡红至白色,两性花冠筒长约 5 毫米;雄蕊 4;药室不育,药隔退化,花柱伸出。小坚果卵圆形。

生境	生于海拔 800 米以下的山坡、路旁、林下及草地。
分布	桃花冲、薄刀峰。

糙苏 *Phlomis umbrosa*

主要特征:多年生草本。茎高50~150厘米，四棱形。叶片近圆形，圆卵形至卵状长圆形，长5~12厘米，宽2.5~12厘米，边缘为具胼胝尖的锯齿或为不整齐圆齿，两面被疏柔毛及星状毛。轮伞花序通常4~8花；花冠常为粉红色，下唇色较深，常具红色斑点，冠筒长约1厘米；雄蕊内藏，花丝无附属器。

生境 生于海拔800~1000米的林下或草坡。

分布 薄刀峰、麒麟沟。

夏枯草 *Prunella vulgaris*

主要特征: 多年生草本,具匍匐根状茎,节上生根。叶片卵状长圆形,长 1.5~6 厘米,边缘具不明显波状齿,侧脉 3~4 对。轮伞花序密集组成顶生假穗状花序;花萼钟形,长 8~10 毫米,二唇形;花冠蓝紫或红紫色,长约 15 毫米;雄蕊 4;花药 2 室,极叉开;花柱纤细,先端相等 2 裂。小坚果黄褐色,长圆状卵球形。

生境 生于海拔 1000 米以下的溪边草地。
分布 挂天瀑、大崎山。

白马鼠尾草

Salvia baimaensis

主要特征：多年生草本。茎高 40~60 厘米，密被倒向短毛和具节柔毛。单叶对生，无柄；基生叶片长卵圆形，边缘具不整齐细圆齿；茎生叶 2~3 对，叶片椭圆状倒卵形。轮伞花序 6 花，排成顶生总状圆锥花序和腋生总状花序；花萼筒状，萼檐二唇形；花冠白色，长约 1 厘米，二唇形；能育雄蕊 2，着生于喉部，药室不育，分离。

生境分布 生于海拔 650~1200 米的山坡林下。挂天瀑。

大别山鼠尾草 *Salvia dabieshanensis*

主要特征:多年生草本。茎高 40~100 厘米，少分枝。茎生叶为羽状复叶，顶生小叶卵状披针形至椭圆状披针形，长 3~13 厘米，边缘具不规则小圆齿，两面沿脉上被长柔毛。轮伞花序具 6~12 花，组成顶生总状花序或总状圆锥花序；花冠淡黄色或黄色，长 2~2.8 厘米；能育雄蕊 2，花药长 2.5~5 毫米；花柱极大地长于雄蕊而伸出，先端不等 2 裂。

生境	生于海拔 600~1000 米的山坡路边及灌丛。
分布	挂天瀑、大沟（大别山特有）。

美丽鼠尾草 *Salvia meiliensis*

主要特征: 多年生草本。茎密被倒向白色具节长柔毛和腺毛。羽状复叶,小叶3~5枚,顶生小叶宽卵圆形,长3~10厘米,两面被白色具节伏柔毛,边缘有不规则圆钝齿和具节缘毛,侧脉4~6对。轮伞花序8至多花,排成顶生总状花序或总状圆锥花序;花冠淡黄色,冠檐二唇形;能育雄蕊2;花柱外伸,先端不等2裂。

生境 生于海拔1000~1300米的路边。

分布 桃花溪、薄刀峰(大别山特有)。

丹参 *Salvia miltiorrhiza*

主要特征：多年生草本，全株密被长柔毛及腺毛。茎四棱形，多分枝。叶为奇数羽状复叶，具 3~5 小叶，小叶片卵圆形或椭圆状卵形，长 1.5~8 厘米，边缘具圆齿，两面被柔毛。轮伞花序 6 至多花，上部组成顶生或腋生的假总状花序；花萼钟形，二唇形；花冠蓝紫色；能育雄蕊 2，花丝长约 4 毫米，药室退化。小坚果椭圆形，长约 3 毫米。

生境 生于海拔 120~1300 米的山坡、林下草丛或溪谷旁。

分布 薄刀峰、横岗山。

荔枝草 *Salvia plebeia*

主要特征：一年生或二年生草本，有多数须根。茎四棱形，被短柔毛。基生叶复数，密集成莲座状；茎生叶片椭圆状卵形、披针形或长圆形，长 2~6 厘米，边缘具圆齿或尖锯齿，两面被毛。轮伞花序 6 花，密集成顶生假总状花序或假总状圆锥花序；花冠淡红或蓝紫色；能育雄蕊略伸出冠外，药室不育。小坚果倒卵圆形。

生境 生于低海拔的山坡、路旁、沟边、田野等湿地。

分布 广泛分布。

半枝莲 *Scutellaria barbata*

主要特征： 多年生草本。茎高 10~50 厘米，四棱形。叶片三角状卵形或卵状披针形，长 1~3.5 厘米，边缘有疏而钝的浅齿，两面沿脉疏被紧贴的短毛，侧脉 2~3 对。轮伞花序具 2 花，聚成长 4~10 厘米的假总状花序；花萼边缘具短缘毛；花冠紫蓝色，长 9~12 毫米，冠筒基部囊状增大；雄蕊 4；子房 4 裂。小坚果扁球形，具疣状突起。

 生于海拔 1000 米以下的水田边、溪边或湿润草地上。

分布 薄刀峰。

韩信草 *Scutellaria indica*

主要特征:多年生草本。茎高 10~30 厘米，四棱形。叶草质至坚纸质，心状卵圆形至椭圆形，长1.5~3厘米，边缘密生整齐圆齿，两面被微柔毛或糙伏毛。花对生，在分枝或茎顶排成假总状花序；花萼被毛；花冠蓝紫色，长 1.5~2 厘米，冠檐 2 唇形；雄蕊 4，2 强；花盘肥厚；花柱细长，子房 4 裂。小坚果卵形，长约 1 毫米。

生境 生于海拔 1000 米以下的疏林、路旁空地及草地。

分布 麒麟沟、龟峰山、横岗山、天台山。

蜗儿菜 *Stachys arrecta*

主要特征：多年生草本，具根茎及肉质块茎。茎直立，高 40~60 厘米。茎生叶心形或心状卵形，长 2.5~6.5 厘米，边缘具整齐的圆齿状锯齿，两面散生长柔毛。轮伞花序 2~6 花，组成长约 4 厘米的顶生假穗状花序；花冠白色或淡红色，长约 12 毫米，花冠筒长约 7 毫米，外面被微柔毛；花药 2 室；花柱略超出雄蕊。小坚果卵球形，长约 1.5 毫米。

生境	生于海拔 1000 米以下的丛林及阴湿的沟谷中。
分布	大崎山、薄刀峰、横岗山、天台山。

血见愁 *Teucrium viscidum*

主要特征：多年生草本，具根茎和匍匐茎，茎四棱形。叶片卵形至卵状长圆形，长 3~10 厘米，宽 1~5 厘米，边缘具圆齿，下面脉上疏生短柔毛并散生淡黄色小腺点。轮伞花序具 2 花，密集组成假穗状花序；萼齿 5；花冠白色、淡红色或紫红色，冠筒长 3 毫米；雄蕊伸出；花柱与雄蕊等长。小坚果扁球形，长 1~3 毫米。

生境 生于海拔 120~1530 米的山地林下润湿处。

分布 挂天瀑。

枸杞 *Lycium chinense*

主要特征：落叶灌木，高 50~100 厘米，多分枝。单叶互生或 2~4 片簇生，叶片纸质，卵形、长椭圆形或卵状披针形，长 1.5~5 厘米。花在长枝上单生或双生于叶腋，在短枝上与叶簇生；花萼 3 中裂或 4~5 齿裂，裂片有缘毛；花冠漏斗状，淡紫色，上部 5 深裂，裂片边缘有缘毛；花柱稍伸出雄蕊。浆果卵形。

生境	生于海拔 700 米以下的山坡、荒地、路旁和村边宅旁。
分布	桃花冲。

江南散血丹 *Physaliastrum heterophyllum*

主要特征:多年生草本,高 30~60 厘米。根肉质,多条簇生。叶连柄长 7~19 厘米,阔椭圆形或卵状披针形,全缘而略波状,两面被疏细毛,侧脉 5~7 对。花单生或双生,花梗长 1~1.5 厘米;花萼短钟状,5 深中裂;花冠阔钟状,白色,先端 5 浅裂;雄蕊长为花冠之半。浆果直径约 0.8 厘米。

生境	生于海拔 400~1100 米的山坡、山谷林下潮湿处。
分布	天马寨、龟峰山。

野海茄 *Solanum japonense*

主要特征：草质藤本，长 50~120 厘米。小枝被疏柔毛。叶三角形宽披针形或卵状披针形，长 3~8.5 厘米，宽 2~5 厘米，边缘波状，有时 3（~5）裂，两面均被具节疏柔毛或仅脉上有毛，侧脉 5 对。聚伞花序顶生或腋外生；总花梗长 1~1.5 厘米；萼浅杯状，5 裂；花冠紫色，直径约 1 厘米；花柱纤细，柱头头状。浆果球状，直径约 1 厘米。

生境	生于海拔 1200 米以下的沟边、路旁。
分布	挂天瀑。

喀西茄 *Solanum khasianum*

主要特征: 直立草本至亚灌木,高1~2米。叶阔卵形,长6~12厘米,先端渐尖,基部戟形,5~7深裂,裂片边缘又作不规则的齿裂,侧脉与裂片数相等。蝎尾状花序腋外生,单生或2~4朵;萼钟状,5裂;花冠筒淡黄色,隐于萼内;子房被微绒毛,花柱纤细,光滑,柱头截形。浆果球状,直径2~2.5厘米。

生境 生于海拔1000米以下的路边灌丛、荒地、草坡。

分布 横岗山、仙人台。

白英 *Solanum lyratum*

主要特征: 草质藤本, 长 50~100 厘米。茎及小枝均密被具节长柔毛。单叶互生, 多为琴形, 长 3.5~5.5 厘米, 两面均被长柔毛。聚伞花序顶生或腋外生, 花疏生; 总花梗长 2~2.5 厘米, 被具节长柔毛; 花萼杯状, 萼齿 5; 花冠蓝紫色或白色, 上部 5 深裂;花柱丝状, 长约 6 毫米, 柱头小, 头状。浆果球形, 直径约 8 毫米。

生境	生于海拔 1000 米以下的山谷草地、路旁、荒地、疏林和灌丛。
分布	挂天瀑、薄刀峰。

龙葵 *Solanum nigrum*

主要特征：一年生直立草本，高 25~100 厘米。茎近无毛或被微柔毛。单叶，叶片卵形，长 2.5~10 厘米，宽 1.5~5.5 厘米，全缘或有不规则波形粗齿，两面无毛或被疏柔毛。蝎尾状花序腋外生，由 3~6（~10）花组成；花萼小，浅杯状，5 浅裂；花冠长不及 1 毫米，5 深裂；花丝短，花药黄色；花柱中部以下被白色绒毛，柱头小。

生境 生于低海拔的田边、荒地及村庄附近。

分布 三角山、大崎山。

醉鱼草 *Buddleja lindleyana*

主要特征：落叶灌木，高达 2 米。叶对生，卵形或卵状披针形，长 5~10 厘米，疏生波状牙齿。花序假穗状，顶生，长 7~25 厘来；花萼 4 裂，裂片三角形，密被腺毛，基部被星状绒毛；花冠紫色，长 1.5~2 厘米，密生腺体，筒内淡紫色，被细柔毛；雄蕊 4，着生花冠筒基部。蒴果长圆形，长约 5 毫米，具鳞片。

生境	生于海拔 600~800 米的山坡、河边和路旁。
分布	龟峰山、横岗山。

匍茎通泉草 *Mazus miquelii*

生境 生于海拔 300 米以下的潮湿路旁、荒林及疏林中。

分布 挂天瀑、薄刀峰、麒麟沟、天马寨。

主要特征: 多年生草本，高10~15 厘米。基生叶莲座状，倒卵状匙形，连柄长 3~7 厘米，边缘具粗齿；茎生叶在直立茎上互生，在匍匐茎上多对长，连柄长 1.5~4 厘米，卵形或近圆形，宽不超过 2 厘来，具疏锯齿。总状花序顶生，花稀疏；花萼钟状漏斗形，长 7~10 厘米；花冠紫色或白色而有紫斑，深 2 裂。蒴果圆球形。

山罗花 *Melampyrum roseum*

主要特征: 直立草本，高 20~80 厘米，全体疏被鳞片状短毛。叶对生，叶片披针形至卵状披针形，先端渐尖，基部圆钝或楔形，长 2~8 厘米。苞叶绿色，边缘有刺毛状长齿；花萼长约 4毫米，常被糙毛，脉上有多细胞柔毛；花冠紫红色，长 15~20 毫米，上唇内面密被须毛。蒴果卵状，长 8~10 毫米。

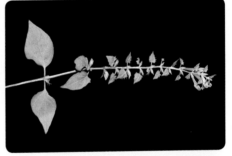

生境 生于海拔 1000 米以下的山坡、林缘、路边草丛。

分布 薄刀峰、龟峰山。

玄参 *Scrophularia ningpoensis*

主要特征:高大草本。叶片多变,多为卵形,有时上部的为卵状披针形至披针形,边缘具细锯齿,稀为不规则的细重锯齿。花序为疏散的大圆锥花序,由顶生和腋生的聚伞圆锥花序合成,聚伞花序常 2~4 回复出;花褐紫色,花萼长 2~3 毫米;花冠长 8~10 毫米,花冠筒多少球形;雄蕊稍短于下唇。蒴果卵圆形。

生境 生于海拔 1700 米以下的竹林、溪旁、丛林及高草丛中。

分布 挂天瀑。

白接骨 *Asystasia neesiana*

主要特征： 多年生草本。叶对生，叶片卵形至椭圆状长圆形，长 3~16 厘米，边缘浅波状或具浅钝锯齿，上面疏被白色伏毛。总状花序顶生，花 1~2 朵；花萼 5 深裂，裂片线状披针形，有腺毛：花冠粉红色或淡红紫色，漏斗状，5 裂，花冠筒管状，长 3.5~4 厘米；雄蕊 4，2 长 2 短，药室 2。蒴果棍棒状，长 1.5~2.5 厘米。

生境 生于海拔 1000 米以下的阴湿山坡林下、溪边石缝或路边草丛。
分布 桃花溪、挂天瀑。

九头狮子草 *Peristrophe japonica*

主要特征：多年生草本。茎直立，高 30~80 厘米，被倒生伏毛。叶对生，卵状长圆形至披针形，长 2.5~13 厘米，全缘，两面有钟乳体及少数平贴硬毛。花序由 2~8 个有短总梗的聚伞花序组成；花萼 5 裂，裂片狭披针形；花冠淡红色，外面疏生短柔毛，二唇形；雄蕊 2，着生于花冠筒内，花药 2 室。蒴果椭圆形，长约 0.2 厘米。

生境 生于海拔 900 米以下的溪边路旁及草丛中。

分布 桃花溪。

爵床 *Rostellularia procumbens*

主要特征：一年生匍匐或披散草本。植株高 10~50 厘米。叶对生，椭圆形至椭圆状长圆形，长 1.5~6 厘米，全缘，上面有钟乳体，下面沿脉疏生短硬毛。穗状花序顶生，密生多数小花；花萼 4 深裂，外面密被粗硬毛；花冠二唇形，粉红色或紫红色；雄蕊 2，药室 2；子房卵形，2 室，被毛，花柱丝状。蒴果线形，长约 6 毫米。

生境 生于低海拔的旷野草地、林下、路旁、水沟边等阴湿处。
分布 广泛分布。

吊石苣苔 *Lysionotus pauciflorus*

主要特征：附生小灌木。叶片革质，线形、线状倒披针形或倒卵状长圆形，长 1.5~5.8 厘米，边缘在中部以上有少数牙齿或小齿，侧脉每侧 3~5 条，不明显。聚伞花序顶生，具 1~5 花；花萼 5 裂达近基部；花冠白色带淡紫色条纹或淡紫色；能育雄蕊 2，退化雄蕊 3；雌蕊长 2~3.5 厘米。蒴果线形。

生境 生于海拔 600~900 米阴处石崖。
分布 龙潭、麒麟沟、桃花溪。

透骨草 *Phryma leptostachya* subsp. *asiatica*

主要特征：多年生草本，高 30~80 厘米。茎直立，四棱形。叶对生，叶片卵状长圆形或披针形，边缘有 5 至多数钝锯齿，两面散生短柔毛，侧脉每侧 4~6 条。穗状花序生茎顶及侧枝顶端。花通常多数，出自苞腋。花冠漏斗状筒形，蓝紫色、淡红色至白色，檐部 2 唇形；雄蕊 4，花药肾状圆形；柱头 2 唇形。瘦果狭椭圆形。

 生于海拔 800~900 米的阴湿山谷或林下。

分布 吴家山、麒麟沟。

车前 *Plantago asiatica*

主要特征: 多年生草本。根状茎短而肥厚，须根。叶基生，直立而外展，卵形或宽卵形，全缘、波状或疏钝齿至弯缺，两面被短柔毛。穗状花序，花疏生，绿白色，苞片宽三角形，花萼有短柄。蒴果椭圆形，近中部开裂，基部有不脱落的花萼；种子卵形，黑褐色至黑色。

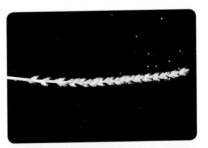

生境 生于低海拔的草地、沟边、河岸、田边、路旁。

分布 广泛分布。

南方六道木 *Abelia dielsii*

主要特征： 落叶灌木，高 2~3 米；当年小枝红褐色，老枝灰白色。叶对生，纸质，长卵形至披针形，嫩时上面散生柔毛，叶柄基部散生硬毛。花梗近无；花冠白色，后变浅黄色；雄蕊花丝短；花柱细长，柱头头状，不伸出花冠筒外。种子柱状。

 生于海拔 800~1000 米的山坡灌丛、路边林下及草地。

 天马寨、桃花溪。

金花忍冬 *Lonicera chrysantha*

主要特征： 落叶灌木，高达 4 米；幼枝、叶柄和总花梗被糙毛和腺毛。叶纸质，菱状卵形至卵状披针形。总花梗细，苞片条形或狭条状披针形，小苞片分离；花冠先白色后变黄色，雄蕊和花柱短于花冠，花丝中部以下有密毛，花柱全被短柔毛。果实红色，圆形。

生境 生于海拔 250~1000 米的沟谷、林下或林缘灌丛。

分布 挂天瀑、大沟。

北京忍冬 *Lonicera elisae*

主要特征： 落叶灌木，高达 3 米；幼枝被短糙毛，髓白色而充实，二年生小枝常有深色小瘤状突起。冬芽具数对鳞片。叶纸质，两面被短硬伏毛。苞片背面被小刚毛；花冠白色或带粉红色，筒细长；花柱稍伸出。果实红色，椭圆形。

生境 生于海拔 500~1600 米的沟谷或山坡丛林或灌丛。

分布 天堂寨。

苦糖果 *Lonicera fragrantissima* var. *lancifolia*

主要特征: 半常绿或有时落叶灌木, 高达 2 米; 幼枝疏被倒刚毛, 间或夹杂短腺毛, 毛脱落后留有小瘤状突起。叶椭圆形或卵状披针形, 两面被刚伏毛及短腺毛; 小枝和叶柄被短粗毛。花芳香, 生于幼枝基部苞腋; 苞片披针形至近条形; 花冠白色或淡红色; 雄蕊内藏, 花丝长短不一; 花柱下部疏被粗毛。果实鲜红色, 矩圆形。

生境	生于海拔 200~700 米的山坡灌丛。
分布	三角山、横岗山。

倒卵叶忍冬 *Lonicera hemsleyana*

主要特征： 落叶灌木或小乔木，高达 3 米；幼枝散生腺毛。冬芽具数对鳞片。叶纸质，倒卵形至椭圆状矩圆形。花冠乳白色或淡黄色，唇形，筒粗短，有深囊；雄蕊和花柱与花冠几等高，花柱有柔毛。果实红色，圆形，直径 8~10 毫米。

生境 生于海拔 900~1500 米的溪涧杂木林中或山坡灌丛。

分布 挂天瀑、大沟。

忍冬 *Lonicera japonica*

主要特征: 半常绿藤本；幼枝暗红黑色，密被开展的硬直糙毛、腺毛和短柔毛。叶纸质，卵状椭圆形至宽披针形；叶柄密被短柔毛。苞片大，叶状，卵形至椭圆形，两面均有短柔毛；花冠白色。果实圆形，熟时蓝黑色，有光泽；种子卵圆形或椭圆形，褐色。

生境	生于海拔 1200 米以下的山坡灌丛或疏林中、路旁。
分布	大崎山、桃花冲、吴家山。

金银忍冬 *Lonicera maackii*

主要特征：落叶灌木，高达 5 米；幼枝具短柔毛。叶纸质，卵状椭圆形至卵状披针形，全缘或浅波状，两面脉上有毛。总花梗短于叶柄，具腺毛；相邻两花的萼筒分离，具裂达中部之齿；花冠先白后黄，长达 2 厘米，芳香，外面下部疏生微毛，唇形；雄蕊 5，与花柱均短于花冠。浆果红色。

生境	生于海拔 500~1300 米的山坡落叶阔叶林下或林缘。
分布	桃花冲。

下江忍冬 *Lonicera modesta*

主要特征：落叶灌木，高达2米，全株密被短柔毛。冬芽具数对鳞片。叶厚纸质，菱状椭圆形至宽卵形，背面网脉明显。苞片钻形；花冠白色，基部微红，后变黄色，唇形；雄蕊长短不等，花丝基部有毛。相邻两果实几全部合生，红色。

生境 生于海拔500~1300米的杂木林下或灌丛。

分布 天堂寨、天马寨。

盘叶忍冬 *Lonicera tragophylla*

主要特征：落叶藤本。叶纸质，长圆形或卵状长圆形，叶柄极短。萼筒壶形；花冠黄色至橙黄色，上部外面略带红色，唇形，筒稍弓弯，内面疏生柔毛；花柱伸出。果实成熟时由黄色转红黄色，最后变深红色，近球形。

生境	生于海拔 700~1000 米的林缘、灌丛或河滩岩缝。
分布	挂天瀑、大沟、桃花冲。

接骨草 *Sambucus javanica*

主要特征： 高大草本或半灌木，高1~2米。茎有棱条，髓白色。奇数羽状复叶，小叶互生或对生，狭卵形，边缘具细锯齿。复伞形花序顶生，总花梗基部托以叶状总苞片，纤细，被黄色疏柔毛；萼筒杯状，萼齿三角形；花冠白色；花柱极短，柱头3裂。果实红色，近球形。

生境	生于海拔300~1200米的山坡、林下、沟边和草丛中，亦有栽种。
分布	广泛分布。

接骨木 *Sambucus williamsii*

主要特征: 落叶灌木或小乔木。茎具长椭圆形皮孔,髓淡褐色。奇数羽状复叶,侧生小叶片卵圆形至长圆状披针形,边缘具不整齐锯齿。圆锥形聚伞花序顶生,具总花梗,花小而密;萼筒杯状;花冠蕾时带粉红色,开后白或淡黄;雄蕊花丝基部稍肥大,花药黄色;子房花柱短。果实红色,卵圆形。

生境	生于海拔 540~1200 米的山坡、灌丛、沟边、路旁、宅边等地。
分布	龟峰山、天台山。

备中荚蒾 *Viburnum carlesii* var. *bitchiuense*

主要特征：落叶灌木，高达 3 米。幼枝被星状毛；冬芽无鳞片，密被灰黄色星状毛。叶纸质，卵形至椭圆状卵形，边缘有小齿，背面密被星状毛。总花梗与花梗均密被星状毛；复伞形花序，总梗长 1~2 厘米；萼筒短；花冠粉红色，漏斗状。核果压扁状长圆形，具 2 背沟 3 腹沟。

| 生境 | 生于海拔 700~1300 米的山坡和山谷林下。 |
| 分布 | 挂天瀑、桃花冲。 |

荚蒾 *Viburnum dilatatum*

主要特征:落叶灌木,当年小枝、芽、叶柄和花序均密被星状毛和粗刚毛。叶纸质,宽倒卵形,边缘有牙齿状锯齿,脉腋有簇毛,有带黄色或无色透明腺点。复伞形式聚伞花序;萼筒狭筒状,有暗红色微细腺点;花冠白色,辐状;花柱高出萼筒。果红色,核扁。

生境	生于海拔 100~1000 米的山坡疏林下、林缘灌丛。
分布	麒麟沟、仙人台。

蝴蝶戏珠花

Viburnum plicatum var. *tomentosum*

主要特征:落叶灌木。当年生小枝四角状,被星状毛;冬芽有一对鳞片。叶纸质,宽卵形或长圆状卵形。复伞形花序,具长花梗,中央两性结实花较小;花冠辐状,黄白色,雄蕊伸出花冠。果实先红色后变黑色,椭圆形;核扁,两端钝形,有1条上宽下窄的腹沟。

生境	生于海拔 240~1500 米的山坡、山谷混交林内及沟谷旁灌丛。
分布	挂天瀑、天马寨。

合轴荚蒾 *Viburnum sympodiale*

主要特征：落叶灌木或小乔木。幼枝、叶背脉上、叶柄、花序及萼齿均被鳞片状或星状毛，合轴生长。冬芽无鳞片。叶纸质，卵形至椭圆状卵形。聚伞花序，周围有大型白色不孕花，无总花梗；花冠白色或带微红，辐状。果实红色，后变紫黑色，核稍扁。

生境 生于海拔 800~1500 米的林下或灌丛。
分布 吴家山、薄刀峰、天堂寨。

半边月 *Weigela japonica* var. *sinica*

主要特征：落叶灌木或小乔木。冬芽具鳞片。叶长卵形至卵状椭圆形，边缘具锯齿，上面深绿，被毛，脉背面浅绿色，密被短柔毛。单花或具 3 朵花的聚伞花序生于短枝的叶腋或顶端；花冠白色或淡红色，花开后逐渐变红色，漏斗状钟形，筒基窄，中部以上扩大，裂片整齐；花柱细长，柱头盘形，伸出花冠。种子具狭翅。

生境 生于海拔 450~1200 米的山坡林下、山顶灌丛和沟边等地。

分布 仙人台、横岗山。

柔垂缬草 *Valeriana flaccidissima*

主要特征：细柔草本；根茎细柱状。匍枝细长，具心形或卵形小叶。基生叶与匍枝叶同形；茎生叶卵形，羽状全裂，疏离，顶端裂片卵形，钝头或渐尖，边缘具疏齿。花序顶生，伞房状聚伞花序；苞片和小苞片线形；花淡红色，花冠裂片长圆形；雌雄蕊常伸出于花冠之外。瘦果线状卵形。

生境 生于海拔 1100 米以下的林缘、草地、溪边等水湿条件较好之处。
分布 挂天瀑。

缬草 *Valeriana officinalis*

主要特征：多年生高大草本。茎中空，被粗毛。匍枝叶、基出叶和基部叶在花期常凋萎；茎生叶宽卵形，羽状深裂。花序顶生，成伞房状三出聚伞圆锥花序；小苞片中央纸质，两侧膜质，长椭圆状长圆形、倒披针形或线状披针形，边缘多少有粗缘毛；花冠裂片椭圆形，雌雄蕊约与花冠等长。瘦果长卵形，基部近平截，两面被毛。

生境 生于海拔 1500 米以下的山坡草地、林下、沟边。
分布 天马寨。

牧根草 *Asyneuma japonicum*

主要特征： 高大草本。茎单生或丛生，直立，高 60 厘米以上。叶在茎下部的有长柄，在茎上部近无柄；叶片在茎下部的卵形或卵圆形，至茎上部为披针形或卵状披针形，基部楔形或圆钝，顶端急尖至渐尖，边缘具锯齿，上面疏生短毛。花萼筒部球状，裂片条形；花冠蓝紫色。蒴果球状；种子卵状椭圆形，棕褐色。

生境 生于海拔 900 米左右的阔叶林下或杂木林下。

分布 麒麟沟。

半边莲 *Lobelia chinensis*

主要特征：多年生矮小草本，有白色乳汁。茎平卧，高 6~20 厘米。叶长圆状披针形或线形，顶端急尖，边缘有波状小细齿，近无柄。花单生叶腋；萼筒长管形，基部狭窄成柄；花冠红紫色或白色，内部略带细短柔毛，裂片近相等；花药合生；子房下位。蒴果 2 瓣裂。

| 生境 | 生于低海拔的水田边、沟边及潮湿草地上。 |
| 分布 | 龟峰山。 |

袋果草 *Peracarpa carnosa*

主要特征：多年生草本，有细长根状茎。茎肉质，高5~15厘米，基部匍匐。叶互生，卵圆形，顶端钝，基部近圆形或广楔形，边缘有钝齿，齿端有凸尖。花单生，有细柄；花萼裂片三角状披针形；花冠白色或带蓝色，裂片广披针形。果实卵圆形，顶端稍收缩，形如口袋。

生境 生于海拔3000米以下的林下及沟边潮湿岩石上。

分布 昭关。

桔梗 *Platycodon grandiflorus*

主要特征：多年生草本，高 40~120 厘米。根圆柱形，肉质。叶卵形至心状披针形，顶端尖锐，基部楔形，边缘有锐锯齿，近无柄。花通常数朵生于枝端，有柄；萼片三角状披针形，花冠广钟状，蓝紫色。蒴果卵圆形。

生境 生于海拔 1600 米以下的山坡草地、灌丛。

分布 挂天瀑。

蓝花参 *Wahlenbergia marginata*

主要特征：多年生草本。根细长，长达 10 厘米。茎直立或匍匐，高 20~40 厘米，多自基部分枝，下部疏生长硬毛。叶倒披针形或线状披针形，顶端短尖，基部楔形至圆形，浅波状或全缘，无柄。顶生圆锥花序；花冠蓝色，漏斗状钟形。蒴果倒圆锥状，基部狭窄成果柄。

生境 生于低海拔的田边、路边和荒地。

分布 挂天瀑、大崎山。

豚草 *Ambrosia artemisiifolia*

主要特征:一年生草本,高20~150厘米。茎直立,上部有圆锥状分枝,有棱,被疏毛。下部叶对生,具短叶柄;上部叶互生,无柄。雄头状花序半球形或卵形,成总状花序。花托具刚毛状托片;花冠有短管部,上部钟状,有裂片;花药卵圆形;花柱不分裂,总苞闭合,具结合的总苞片;花柱 2 深裂,丝状,伸出总苞的嘴部。瘦果倒卵形。

生境 生于低海拔的路旁、林缘。
分布 大崎山。

香青 *Anaphalis sinica*

主要特征:多年生草本,有木质根状茎,高 20~50 厘米,通常不分枝。中部叶长圆形、倒披针状长圆形或线形,叶基下延成狭齿,两面被黄白色蛛丝状绒毛或杂有腺毛,背面较密。头状花序排成复伞房状;总苞钟状或近倒圆锥状,总苞片乳白色或污白色,冠毛较花冠稍长。瘦果有小腺点。

生境 生于海拔 1300 米以下的山坡草丛、路边及林缘。

分布 挂天瀑、大崎山、麒麟沟。

马兰 *Aster indicus*

主要特征： 直立草本，高 30~70 厘米。头状花序单生于枝端并排列成疏伞房状。总苞半球形，总苞片覆瓦状排列，顶端钝或稍尖，上部草质，边缘膜质，有缘毛。舌状花 1 层，舌片浅紫色；管状花被毛。瘦果倒卵状矩圆形，极扁，边缘有厚肋，上部被腺毛；冠毛弱而易脱落，不等长。

生境 生于沟边、湿地及路旁。

分布 挂天瀑、龟峰山、大崎山、三角山。

三脉紫菀 *Aster trinervius* subsp. *ageratoides*

主要特征: 多年生草本,高 40~100 厘米,被柔毛或粗毛。中部叶椭圆形或长圆状披针形,上部叶渐小,有齿或全缘,叶纸质,离基 3 出脉。头状花序排列成伞房或圆锥伞房状;总苞倒锥状或半球状;舌片线状长圆形,紫色、浅红色或白色,管状花黄色。冠毛浅红褐色或污白色。

生境 生于海拔 1200 米以下的山坡、沟边、林下、林缘。
分布 吴家山、三角山、大崎山。

苍术 *Atractylodes lancea*

主要特征： 多年生草本。根状茎长块状。叶卵状披针形至椭圆形，顶端渐尖，基部渐狭，边缘有刺状锯齿，上面深绿有光泽，叶脉隆起，无柄；下部叶常 3 裂，裂片顶端尖，顶端裂片极大。头状花序顶生，羽状深裂；花冠筒状，白色或稍带红色。瘦果有柔毛，冠毛羽状。

生境	生于海拔 600~1200 米的林缘及稀疏林下。
分布	挂天瀑、天堂寨。

狼杷草 *Bidens tripartita*

主要特征： 一年生草本。茎高 30~120 厘米，较粗壮，节部易生根。叶对生，中部叶具柄，有狭翅。头状花序顶生或腋生；总苞钟状，褐色，有纵条纹；全为筒状两性花，花冠长 4~5 毫米，冠檐 4 裂；花药基部钝，花丝上部增宽。瘦果扁平，边缘有倒刺毛，顶端芒刺通常 2 枚。

生境 生于海拔 900 米以下的路边荒野及水边湿地。
分布 吴家山、龟峰山、狮子峰。

天名精 *Carpesium abrotanoides*

主要特征：多年生草本。茎高 50~100 厘米，茎直立，上部多分枝，密生短柔毛。下部叶宽椭圆形或矩圆形，边缘有不规则锯齿，或全缘，上面有贴短毛，下面有短柔毛和腺点。总苞钟状球形；花黄色。瘦果条形，具细纵条，顶端有短喙，有腺点。

| 生境 | 生于海拔 1000 米以下的旷野、山坡及路旁。 |
| 分布 | 挂天瀑、龟峰山。 |

金挖耳 *Carpesium divaricatum*

主要特征： 多年生草本。茎枝细弱，高25~150厘米，中部有分枝，被短柔毛。下部叶卵状长圆形，边缘有不规则锯齿；叶柄长2~2.5厘米，无翅。头状花序有总梗；总苞卵状球形，基部宽，上部稍收缩；花黄色，雌花圆柱形，两性花筒状。瘦果长3~3.5毫米。

生境 生于海拔800米以下的山坡、路旁、山谷和草地。

分布 挂天瀑、横岗山。

野菊 *Chrysanthemum indicum*

主要特征：多年生草本。茎基部常匍匐。叶互生，卵形或长圆状卵形，羽状深裂，全部裂片边缘浅裂或有齿；叶表面有腺体及疏柔毛，深绿色，背面灰绿色；叶柄具翅，假托叶有锯齿。头状花序，在茎枝顶端排成伞房圆锥花序或在茎顶排成伞房花序。瘦果倒卵形，有光泽。

生境	生于海拔 1000 米以下的山坡草地、灌丛、河边水湿地、田边及路旁。
分布	挂天瀑、大崎山、三角山、横岗山。

蓟 *Cirsium japonicum*

主要特征： 多年生草本，块根纺锤状或萝卜状。基生叶卵形、长倒卵状椭圆形。头状花序球形，顶生或腋生；总苞钟状，总苞片多层，覆瓦状排列；花为管状，紫色或玫瑰色，两性，结实。瘦果压扁，有光泽；冠毛浅褐色，多层，基部联合成环，整体脱落。

生境 生于海拔 400~1100 米的山坡林缘、灌丛、草地、荒地路旁。

分布 挂天瀑、大沟、三角山。

小蓬草 *Conyza canadensis*

主要特征：一年生草本，高 30~100
厘米。茎直立，有细条纹及脱落性
粗糙毛，上部多分枝。基部叶近匙形，
上部叶线形或线状披针形，无明显叶
柄，全缘或齿裂。头状花序，有短梗；缘
花白色或微带紫色；盘花微黄色。瘦果长圆形，
略有毛；冠毛污白色，刚毛状。

生境 生于低海拔的路旁、荒地、旷野。
分布 广泛分布。

野茼蒿 *Crassocephalum crepidioides*

主要特征: 直立草本,高 20~120 厘米,茎有纵条棱。叶膜质,长圆状椭圆形,边缘有齿。头状花序,总苞钟状,有线形小苞片;小花管状,两性,花冠红褐色或橙红色,花柱基部小球状,顶端尖,被乳头状毛。瘦果狭圆柱形,赤红色,被毛;冠毛极多,白色,绢毛状,易脱落。

生境 生于低海拔的山坡路旁、水边、灌丛。
分布 横岗山、仙人台。

黄瓜假还阳参 *Crepidiastrum denticulatum*

主要特征： 一年生或二年生草本，高 30~120 厘米。茎单生，直立。中下部茎叶卵形至椭圆形，耳状抱茎。上中部头状花序伞房花序状分枝；总苞圆柱状；总苞片外层小，卵形，披针形或长椭圆形；舌状小花黄色。瘦果长椭圆形，压扁，黑色或黑褐色；冠毛白色，糙毛状。

生境 生于海拔 400~1000 米的山坡林缘、路边或石隙中。

分布 挂天瀑、大崎山、狮子峰。

鳢肠 *Eclipta prostrata*

主要特征： 一年生草本。茎直立或中下部平卧。叶长圆状披针形或披针形，全缘或有细齿，顶端渐尖。头状花序有短梗；总苞球状钟形，绿色；舌状花白色；花托有披针形或线形的托片。瘦果黑褐色，表面有明显的小瘤状突起。全株干后常变黑色。

生境	生于海拔 800 米以下的潮湿路旁、田埂、河岸边。
分布	三角山、大崎山。

一年蓬 *Erigeron annuus*

主要特征：一年生或二年生草本，高 30~100 厘米。茎叶有刚伏毛，基生叶卵形或卵状披针形，有柄，边缘有粗齿；茎生叶披针形或线状披针形。头状花序；总苞半球形；缘花舌状，雌性，舌片线形，白色或略带蓝紫色；盘花管状，两性，黄色。瘦果披针形，扁压，冠毛异型。

生境 生于低海拔的路边荒地。
分布 广泛分布。

牛膝菊 *Galinsoga parviflora*

主要特征： 一年生草本，高 10~80 厘米。茎枝被柔毛和腺毛。叶对生，卵形，基出 3 脉，有叶柄；向上及花序下部的叶渐小，披针形；叶边缘有锯齿。头状花序半球形；总苞半球形，总苞片内层卵形；舌状花白色，外面被毛；管状花花冠黄色，下部被毛。瘦果，黑褐色，常压扁，被毛。

生境 生于低海拔的荒野、河边、田间、溪边。
分布 吴家山、龟峰山、横岗山。

细叶鼠麴草 *Gnaphalium japonicum*

主要特征： 多年生草本，高 8~28 厘米。茎纤细，密生绵毛。基部叶莲座状，条状倒披针形，具小尖，全缘，上面绿色，下面密被毛；茎叶向上渐小，条形。头状花序在茎端密集成球状；总苞钟状，总苞片红褐色，外层总苞片宽椭圆形；花全部结实，雌花丝状，中央的两性花花冠筒状，上部粉红色。瘦果矩圆形，有细点，冠毛白色。

生境	生于低海拔的草地或耕地。
分布	挂天瀑、龟峰山。

苦荬菜 *Ixeris polycephala*

主要特征：一年生或二年生草本。茎高 30~80 厘米，质硬，多分枝，常带紫红色。基部叶花期枯萎，叶片长圆形或披针形，先端急尖，基部渐窄成柄，边缘齿裂。头状花序，花全为舌状，黄色。瘦果纺锤形，黑褐色，有短喙，肋间有浅沟，肋上细点状粗糙；冠毛刚毛状，白色。

生境	生于低海拔的山坡林缘、灌丛、草地、田野路旁。
分布	广泛分布。

稻槎菜 *Lapsanastrum apogonoides*

主要特征： 一年生或二年生草本。茎纤细，高 10~25 厘米，具分枝，疏被细毛。基部叶丛生，叶羽状分裂，卵圆形，先端钝圆或急尖，近无柄。上面绿色，下面淡绿色。头状花序小，具梗；花全为舌状，黄色，多数，结实。瘦果长圆形，稍扁；顶端两侧各有一沟刺，无冠毛。

生境　生于低海拔的田野、荒地及路边。

分布　桃花冲。

薄雪火绒草 *Leontopodium japonicum*

主要特征: 多年生草本，高10~40厘米。茎直立，密被白绵毛。单叶互生，中部叶狭披针形或倒卵披针形，两面被毛。总苞钟形或半球形，被毛，总苞片覆瓦状排列；雌雄同株，边缘雌花，中央雄花，乳白色，狭漏斗状，具披针形裂片。瘦果椭圆形，褐色，被短粗毛；冠毛白色，粗糙。

 生于海拔1600米以下的山坡、林缘、荒地及路边。
 桃花冲、天堂寨。

林生假福王草 *Paraprenanthes diversifolia*

主要特征: 一年生草本，高50~150厘米。茎直立，单生，上部总状圆锥花序状，分枝纤细。基生叶及中下部茎叶三角状戟形，边缘锯齿，基部戟形或心形。头状花序；总苞片卵状三角形、线状长椭圆形，绿色，极少染红紫色；舌状小花紫红或紫蓝色。瘦果粗厚，纺锤状，顶端白色，无喙；冠毛白色，糙毛状。

生境 生于海拔1000米以下的山谷、山坡林下潮湿地。
分布 挂天瀑、麒麟沟。

鼠麴草 *Pseudognaphalium affine*

主要特征：二年生草本，高 10~30 厘米。
茎密被白绵毛。叶互生，基生叶花期枯
萎，中部叶匙形，顶端急尖或钝，基部
渐狭无柄，被毛；上部叶稀疏，渐小。
头状花序排列成密伞房状；总苞钟形，
总苞片金黄色，膜质；花黄色或浅黄色，
结实。瘦果倒卵形，冠毛污白色。

| 生境 | 生于海拔 800 米以下的荒地、山坡、旷野、路边。 |
| 分布 | 广泛分布。 |

高大翅果菊 *Pterocypsela elata*

主要特征: 二年生草本，高 80~140 厘米。茎直立，淡红色。叶互生，卵形或近菱状披针形，边缘具齿，上面绿色，背面粉绿色，沿脉有长糙毛。头状花序，总苞椭圆形；舌状花黄色，基部密被白色长柔毛。瘦果倒卵形，压扁，棕褐色，有紫红色斑点，冠毛白色。

| 生境 | 生于海拔 600 米以下的灌丛林下、林缘及荒地。 |
| 分布 | 挂天瀑、麒麟沟。 |

千里光 *Senecio scandens*

主要特征：多年生草本。根状茎木质化。茎攀援状倾斜，长 60~200 厘米。叶互生，叶片卵状披针形至长三角形，边缘具齿。头状花序在茎枝端排列成顶生复聚伞圆锥花序；总苞圆柱状钟形，边缘宽，干膜质，具 3 脉；缘花舌状，黄色，少数，雌性，结实；盘花管状，黄色。瘦果圆柱形，被短毛，冠毛白色。

生境	生于海拔 50~3200 米的森林、灌丛、路边。
分布	挂天瀑、龟峰山、大崎山、三角山、横岗山。

腺梗豨莶 *Sigesbeckia pubescens*

主要特征： 一年生草本，高 40~100 厘米，密被白色长柔毛及硬毛。茎中部叶卵状三角形或阔卵形，顶端渐尖，基部宽楔形，叶质较厚，基出 3 脉，叶缘具齿；上部叶卵状披针形，具柄，有齿。头状花序排成伞房状，花梗被毛；总苞宽钟状；舌状花黄色，雌性；管状花黄色，两性。瘦果倒卵形，黑色，无冠毛。

生境 生于海拔 1000 米以下的路旁、荒野及林缘。

分布 挂天瀑、大沟。

蒲儿根 *Sinosenecio oldhamianus*

主要特征：多年生或二年生草本。叶片掌状 5 脉；叶柄被毛。头状花序排列成顶生复伞房状花序；总苞宽钟状，无外层苞片；舌状花舌片黄色，长圆形；管状花多数，花冠黄，裂片卵状长圆形，花药长圆形，基部钝，附片卵状长圆形，花柱分枝外弯，顶端截形，被乳头状毛。瘦果圆柱形，冠毛白色。

生境分布 生于海拔 360~2100 米的林缘、溪边、潮湿岩石边及草坡、田边。桃花冲。

一枝黄花 *Solidago decurrens*

主要特征: 多年生草本，高 20~70 厘米。茎直立，分枝少，基部略带红紫色。叶长圆形、卵圆形或宽披针形；向上叶渐小。头状花序多数在茎上部排列成总状花序或伞房圆锥花序，少有排列成复头状花序；总苞片披针形或披狭针形，顶端急尖或渐尖。瘦果圆筒状，有棱，于顶端略有疏柔毛。

生境 生于海拔 600~1000 米的林缘、灌丛及路边。

分布 挂天瀑。

兔儿伞 *Syneilesis aconitifolia*

主要特征：多年生草本，高 70~130 厘米。茎直立，单生。茎生叶互生，叶片圆盾形，掌状深裂，上部叶小，具短柄。头状花序排成复伞房状；总苞圆筒形，总苞片长圆形，边缘膜质；花淡红色，管状。瘦果圆柱形，有纵条纹，冠毛灰白色或淡红色。

生境 生于海拔 500~1000 米的山坡荒地、林缘或路旁。

分布 挂天瀑、狮子峰。

山牛蒡 *Synurus deltoides*

主要特征：多年生高大草本。茎有纵棱，被毛。基部叶花期枯萎；下部叶有柄，叶片心形、卵形，边缘具齿，绿色被毛；向上叶渐小具柄，卵状长圆形。头状花序；总苞球形，总苞片有时为紫红色，线状披针形；花冠淡紫色，管状。瘦果长圆形，边缘具齿，冠毛淡褐色。

生境 生于海拔 1000 米左右的山坡、草地、林下。

分布 大沟、天堂寨。

蒲公英 *Taraxacum mongolicum*

主要特征：多年生草本。根圆柱形，黑褐色。叶基生，叶片宽倒卵披针形，边缘具齿，叶柄及主脉带红紫色。花葶上部紫红，密被白色长柔毛；舌状花黄色，边缘花舌片背面具紫红色条纹，花药和柱头暗绿色。瘦果倒卵状披针形，暗褐色，上部具小刺，下部具成行排列的小瘤，冠毛白色。

生境 生于低海拔地区的山坡草地、路边、田野、河滩。
分布 广泛分布。

黔狗舌草 *Tephroseris pseudosonchus*

主要特征：具根状茎草本。茎单生，高 50~70 厘米，粗壮。基生叶具长柄，椭圆形，基部边缘具齿，纸质，叶柄具翅；上部叶披针形，苞片状。头状花序；花梗被毛，基部具苞片；总苞宽半球形，总苞片披针形，草质，边缘膜质；舌状花管部无毛，舌片黄色，长圆形，花冠黄色，裂片卵状三角状。瘦果圆柱形，冠毛白色。

生境 生于海拔 300~400 米的溪边、潮湿草地。
分布 挂天瀑。

苍耳 *Xanthium strumarium*

主要特征：一年生草本。叶卵状三角形，顶端尖，基部浅心形至阔楔形，边缘具齿，基出3脉。雄头状花序近球形，花房托柱形，雄花多数，花冠钟形；雌头状花序椭圆形，外层总苞片小，内层总苞片2枚结合成2室的壶状体，无柄，表面具总苞刺和密生细毛。

生境 生于低海拔的丘陵、低山、荒野路边、田边。

分布 龟峰山。

黄鹌菜 *Youngia japonica*

主要特征：一年生草本，高 20~60 厘米。基部叶片长圆形、倒卵形或倒披针形，羽状浅裂至深裂，边缘具齿，叶脉羽状。头状花序排列成聚伞状圆锥花序式；总苞片披针形，边缘膜质；花为舌状，黄色，两性，结实。瘦果纺锤形，棕红色或褐色，稍扁平，具细刺，被刚毛，冠毛白色。

生境 生于低海拔的河边沼泽地、田间荒地。
分布 广泛分布。

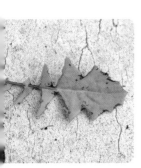

粉条儿菜 *Aletris spicata*

主要特征： 多年生草本。叶簇生，纸质，条形，有时下弯，先端渐尖。花葶有棱，密生柔毛；总状花序长 6~30 厘米，疏生多花；苞片位于花梗的基部，短于花；花梗极短，有毛；花被黄绿色，上端粉红色；雄蕊着生于花被裂片的基部；子房卵形。蒴果倒卵形或矩圆状倒卵形。

生境 生于海拔 350~1500 米的坡上、路边、灌丛边或草地上。

分布 挂天瀑、大崎山。

开口箭 *Campylandra chinensis*

主要特征： 多年生草木，根状茎长圆柱形。叶基生，倒披针形或条形，近革质，全缘。穗状花序；苞片绿色，位于花序下部的卵状披针形，位于花序上部的披针形，长于花；花短钟状，花被片下部合生，裂片卵形，顶端长渐尖，肉质，黄色或黄绿色；雄蕊花丝基部合生，内弯；子房近球形。浆果圆形，紫红色。

生境 生于海拔 1100 米以下的林下阴湿处、溪边或路旁。

分布 薄刀峰。

荞麦叶大百合 *Cardiocrinum cathayanum*

主要特征：多年生高大草本。下部几枚茎生叶聚集一处，其余散生；叶纸质，具网状脉，卵状心形，基部近心形。总状花序，花梗短粗；苞片矩圆形；花狭喇叭形，乳白或淡绿，内具紫色条纹；花被片条状倒披针形；子房圆柱形，柱头膨大。蒴果近球形，红棕色；种子扁平，红棕色，有膜质翅。

生境	生于海拔 600~1000 米的山坡林下阴湿处。
分布	挂天瀑、麒麟沟。

少花万寿竹 *Disporum uniflorum*

主要特征：多年生草本。根状茎短而匍匐。茎单生或上部分枝，高20~80厘米。叶片长圆状卵形，基部近圆形或宽楔形，先端短渐尖到锐尖。花序顶生，1~3花；花冠圆筒状，花被片黄色，匙形倒披针形到倒卵形，距长1~2毫米。浆果蓝黑色，近球形，直径8~10毫米。

生境	生于海拔400~1200米的山坡林下。
分布	挂天瀑、薄刀峰。

湖北贝母 *Fritillaria hupehensis*

主要特征: 多年生草本,高 25~50 厘米。鳞茎由 2 枚鳞片组成,直径 1.5~3 厘米。叶 3~7 枚轮生,中间常兼有对生或散生,矩圆状披针形,长 7~13 厘米,先端多少弯曲。花 1~4 朵,紫色,有黄色小方格;叶状苞片通常 3 枚,多花时顶端的花具 3 枚苞片,下面的具 1~2 枚苞片;花梗长 1~2 厘米;外花被片稍狭些,蜜腺窝在背面稍凸出。

生境 生于海拔 1000 米左右的阴湿林下。

分布 南武当。

萱草 *Hemerocallis fulva*

主要特征: 多年生草本,根近肉质,纺锤状膨大。叶基生,宽线形,长 40~60 厘米。花葶高达 1 米,花 6~10 朵,聚伞花序排成圆锥状;花瓣橘红色至橘黄色,内花被裂片下部一般有 ∧ 形彩斑;雄蕊伸出,上弯,比花被裂片短;花柱伸出,上弯,比雄蕊长。蒴果长圆形。

生境 生于海拔 1000 米以下的山坡、山谷草地。

分布 桃花溪、挂天瀑、龟峰山。

紫萼 *Hosta ventricosa*

主要特征：多年生草本。叶卵状心形或卵圆形，长 14~24 厘米，先端近渐尖，基部心形，具 6~10 对侧脉；叶柄长 20~40 厘米。花葶高 40~80 厘米，具 5~10 朵花；花的外苞片卵形或披针形；花长 10~13 厘米，白色，芳香；雄蕊与花被近等长。蒴果圆柱形，有 3 棱，长约 6 厘米，直径约 1 厘米。

生境	生于海拔 1000 米以下的林下、草坡、路旁。
分布	挂天瀑、龙潭、桃花溪。

百合 *Lilium brownii* var. *viridulum*

主要特征： 多年生草本。鳞茎球形，直径 2~4.5 厘米；鳞片披针形，白色。叶互生，自下向上渐小，叶片倒披针形至倒卵形，长 7~15 厘米，全缘，具 5~7 脉。花单生或几朵排列成伞形；苞片披针形，花被片 6，二轮排列；雄蕊 6，花丝中部以下密被柔毛；子房圆柱形，柱头 3 裂。蒴果长圆形，长 4~6 厘米，有棱；种子多数。

生境	生于海拔 800~1000 米的山坡草丛、疏林。
分布	挂天瀑、桃花溪、麒麟沟。

卷丹 *Lilium tigrinum*

主要特征：多年生草本，高 80~150 厘米。茎直立，被白色绵毛。叶散生，叶片披针形至长圆披针形，长 6~10 厘米，先端被白毛，边缘有乳头状突起，具 5~7 脉。花 3~6 朵或更多，排成总状花序，花梗长 6~10 厘米，紫色；花下垂，花被片披针形，反卷，长 6~10 厘米，橙红色，有紫黑色斑点，花丝淡红色，花药紫色。蒴果长卵形。

生境 生于海拔 1000 米以下的山坡林下、草地、路边或溪旁。

分布 麒麟沟。

管花鹿药 *Maianthemum henryi*

主要特征：多年生草本，植株高 50~80 厘米。茎中部以上有微硬毛。叶纸质，椭圆形或卵圆形，长 9~22 厘米。花淡黄色或带紫褐色，单生，常呈总状花序；花序长 3~7 厘米，有毛；花被高脚碟形，筒部长 6~10 毫米，为花被全长的 2/3~3/4。浆果球形，直径 7~9 毫米，未成熟时绿色而带紫斑点，熟时红色，具 2~4 粒种子。

生境 生于海拔 1200~1500 米的山坡林下。

分布 挂天瀑、麒麟沟、薄刀峰。

多花黄精 *Polygonatum cyrtonema*

主要特征： 多年生草本。根状茎肥厚，连珠状或结成块，直径 1~3 厘米。叶互生，椭圆形至长圆披针形，长 10~18 厘米，主脉 3，叶柄极短。伞形花序腋生，有花 2~8 朵；花被淡黄绿色，全长 18~25 厘米，裂片 6，长约 3 毫米；花丝具乳头状突起或具短绵毛，顶端稍膨大至具囊状突起。浆果黑色，直径约 1 厘米。

生境 生于海拔 1000~1200 米的林下、灌丛或山坡阴湿处。

分布 挂天瀑、麒麟沟。

长梗黄精 *Polygonatum filipes*

主要特征：多年生草本。根状茎连珠状，或有时节间稍长，直径 1~1.5 厘米。茎高 30~70 厘米。叶互生，矩圆状披针形至椭圆形，长 6~12 厘米，下面脉上有短毛。伞形花序具 2~7 朵花；花被淡黄绿色，全长 15~20 毫米，裂片长约 4 毫米，筒内花丝贴生部分稍具短绵毛。浆果直径约 8 毫米，具 2~5 粒种子。

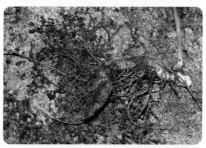

生境	生于海拔 1000~1200 米的林下、灌丛或草坡。
分布	挂天瀑、麒麟沟。

玉竹 *Polygonatum odoratum*

主要特征: 多年生草本。根状茎圆柱状，直径 5~15 毫米。茎高 20~50 厘米，具 7~12 叶。叶互生，椭圆形至卵状短圆形，长 5~12 厘米，先端尖，下面带灰白色，脉上平滑或呈乳头状突起。花序伞形腋生，具 1~4 朵花；花被黄绿色至白色，全长 13~20 毫米，花筒直，裂片 6。浆果球形，蓝黑色，直径 7~10 毫米。

生境	生于海拔 1000~1200 米的林下、山坡或灌丛。
分布	挂天瀑、麒麟沟。

土茯苓 *Smilax glabra*

主要特征: 攀援灌木。茎长 1~4 米,枝条光滑,无刺。叶薄革质,狭椭圆状披针形至狭卵状披针形,长 6~12 厘米。伞形花序通常具 10 余朵花;花绿白色,六棱状球形,直径约 3 毫米;雄花外花被片近扁圆形,兜状,背面中央具纵槽;内花被片近圆形,宽约 1 毫米,边缘有不规则的齿;雌花外形与雄花相似,但内花被片边缘无齿。浆果直径 7~10 毫米,熟时紫黑色,具粉霜。

生境	生于海拔 1200 米以下的林下、灌丛下、河岸或山谷林缘。
分布	薄刀峰、麒麟沟。

牛尾菜 *Smilax riparia*

主要特征： 多年生草质藤本，具根状茎。茎中空，长 1~2 米，无刺，叶片卵圆形至卵状披针形，长 7~15 厘米，宽 2.5~11 厘米，全缘或微波状，背面绿色，主脉 3~5。伞状花序有花 10 余朵；花序托膨大；花黄绿色或白色；花被片长约 4 毫米，内外轮相似；雄花具 6 枚雄蕊；雌花较雄花略小，具钻形退化雄蕊。蒴果近球形，直径 7~9 毫米。

生境 生于海拔 600~1200 米的林下、灌丛、山沟或山坡草丛中。

分布 薄刀峰、大沟。

中国石蒜 *Lycoris chinensis*

主要特征：多年生草本。鳞茎卵球形，直径约 4 厘米。叶带状，长 30~40 厘米，宽约 2 厘米，中间淡绿色带明显，顶端圆。花茎高 40~60 厘米；伞形花序有花 5~7 朵；花黄色，花被裂片倒披针形，背面具淡黄色中肋，长约 6 厘米，宽约 1 厘米，强度反卷和皱缩，花被筒长 2~2.5 厘米；雄蕊与花被片近等长或略伸出花被外，花丝黄色；花柱上端玫瑰红色。

生境 生于海拔 800~1000 米的山坡林下阴湿处、溪谷边。

分布 挂天瀑、麒麟沟。

穿龙薯蓣 *Dioscorea nipponica*

主要特征:缠绕草质藤本。茎左旋,长达 5 米。单叶互生,叶片掌状心形,变化很大,茎基部叶长 10~15 厘米,边缘不等大三角状浅裂、中裂至深裂,茎顶端叶片小,近全缘。花雌雄异株;雄穗状花序腋生,花序基部常由 2~4 朵集成小伞状,至花序顶常为单花;花被碟形,6 裂;雌穗状花序单生。蒴果三棱形,每棱翅状,大小不一,果熟后橘黄色。

生境 生于海拔 600~1000 米的疏林下、林缘和灌木丛中。

分布 挂天瀑、薄刀峰。

薯蓣 *Dioscorea polystachya*

主要特征: 缠绕草质藤本。块茎长圆形,直径 2~7 厘米。茎紫红色,右旋。单叶,在茎下部互生,中部以上对生,稀 3 叶轮生,叶片变异大,卵状三角形至宽卵形或戟形,长 3~9 厘米,边缘 3 浅裂至 3 深裂。花单性,雌雄异株,排成穗状花序;雄花序近直立,苞片和花被片有紫褐色斑点。蒴果不反折,三棱状圆形,种子着生于中轴中部,四周有翅。

生境 生于海拔 400~900 米的林下,溪边、路旁的灌丛。

分布 挂天瀑、龟峰山。

灯心草 *Juncus effusus*

主要特征：多年生草本。根状茎缩短而横走。茎直立，丛生，高 50~100 厘米，直径 1.5~4 毫米，绿色，有纵条纹，质软，内部充满白色的髓。叶鞘红色或淡黄色，叶片退化成芒刺状。聚伞花序多花；花被片线状披针形；雄蕊 3，长约花被的 2/3；子房 3 室。蒴果长圆形，内有 3 个完全发育的隔膜；种子多数，长约 0.5 毫米。

生境 生于低海拔的河边、池岸、沟渠和稻田旁等湿处。

分布 大崎山。

野灯心草 *Juncus setchuensis*

主要特征： 多年生草本。茎细弱,簇生,高 30~50 厘米,有纵沟纹。叶基生,叶鞘棕褐色,长 1~10 厘米,叶片退化为芒刺状,仅存叶鞘。聚伞花序多花或仅具几朵花,花被片 6,卵状披针形,边缘膜质。蒴果近球形,长于花被片,直径 2 毫米,成熟时棕色。

生境 生于低海拔的溪边湿地草丛。

分布 大崎山。

羽毛地杨梅 *Luzula plumosa*

主要特征： 多年生草本，高 8~25 厘米。茎直立，丛生，有纵沟纹。叶片线状披针形，长 8~18 厘米，宽 2~5 毫米，边缘具稀疏长柔毛。花序顶生，2~3 花排列为简单聚伞花序，再排列成伞形复聚伞状；花有梗；花被片披针形至卵状披针形，长 3~4 毫米，淡褐色。蒴果三棱状宽卵形，长 3~4 毫米，黄绿色；种子卵形至椭圆形，红褐色，顶端具黄白色种阜，长约 1 毫米。

生境　生于海拔 1000 米以下的山坡或路旁湿润处。
分布　南武当。

饭包草 *Commelina benghalensis*

主要特征:多年生披散草本。茎大部分匍匐,节上生根,长可达 70 厘米,被疏柔毛。叶片卵形,长 3~7 厘米。花序下面一枝具细长梗,具 1~3 朵不孕的花,伸出佛焰苞,上面一枝有花数朵,结实,不伸出佛焰苞;萼片膜质,披针形,长 2 毫米;花瓣蓝色,圆形,长 3~5 毫米。蒴果椭圆状,长 4~6 毫米,3 室;种子长 2 毫米,多皱并有不规则网纹,黑色。

生境 生于低海拔的路边、溪沟边或林下阴湿处。

分布 广泛分布。

鸭跖草 *Commelina communis*

主要特征:一年生草本,高 20~50 厘米。茎肉质,多分枝,基部匍匐而节上生根。单叶互生,披针形或卵状披针形,长 4~9 厘米,先端尖;基部有膜质叶鞘,白色,有绿脉。总苞佛焰苞状,长 0.2~2 厘米,基部分离;聚伞花序生于枝上部者具 3~4 花,生于枝下部者具 1~2 花;花两性,两侧对称;萼片 3,薄膜质;花瓣 3,蓝色,有长爪。种子表面有不规则窝孔。

生境 生于低海拔的路旁、田埂、山坡等阴湿处。

分布 广泛分布。

裸花水竹叶

Murdannia nudiflora

主要特征: 多年生草本。叶几乎全部茎生,有时有1~2枚条形基生叶,通常全面被长刚毛;叶片禾叶状或披针形,长2.5~10厘米,宽5~10毫米。蝎尾状聚伞花序数个,排成顶生圆锥花序,花瓣紫色,长约3毫米。蒴果卵圆状三棱形,长3~4毫米;种子黄棕色,有深窝孔。

| 生境 | 生于低海拔的山坡草丛阴湿处。 |
| 分布 | 桃花冲。 |

生境 生于低海拔的路边或农田中。
分布 吴家山、桃花冲。

看麦娘 *Alopecurus aequalis*

主要特征：一年生草本。秆少数丛生，光滑，节处常膝曲，高 15~40 厘米。叶鞘光滑；叶舌膜质；叶片长 3~10 厘米，宽 2~6 毫米。圆锥花序紧缩成圆柱状，灰绿色，长 2~7 厘米；小穗椭圆形或长卵圆形，长 2~3 毫米；颖膜质，基部联合，背上有细纤毛，侧脉下部具短毛；外稃膜质，顶端钝，下部与边缘连合，芒长 2~3 毫米；花药橙黄色，长 0.5~0.8 毫米。

菵草 *Beckmannia syzigachne*

主要特征：多年生草本。秆高 15~90 厘米，有 2~4 节。叶鞘多长于节间；叶舌透明膜质，长 3~8 毫米；叶片平展，长 5~20 厘米，宽 3~10 毫米，粗糙或背面平滑。圆锥花序长 10~30 厘米，分枝稀疏；小穗压扁，圆形，通常含 1（~2）花；颖半圆形，草质而边缘较薄，背部灰绿色，有淡绿色横纹；外稃披针形，有 5 脉。

生境	生于低海拔的水边潮湿处。
分布	吴家山、薄刀峰、横岗山。

疏花雀麦 *Bromus remotiflorus*

主要特征： 多年生草本。秆直立，高
60~120厘米，被短细毛。叶鞘闭合几达顶
端，通常密被倒生柔毛；叶片长20~45厘米，
宽5~8毫米，上面有疏毛，粗糙。圆锥花
序展开，长15~30厘米，成熟时下垂；小穗
含5~10小花，长20~35毫米；颖狭披针形，
顶有短尖头，第一颖有1脉，第二颖有3脉；
外稃披针形，有7脉。颖果长8~10毫米，
贴生于稃内。

生境 生于低海拔的山坡、路边、河岸湿处。
分布 大崎山。

橘草 *Cymbopogon goeringii*

主要特征：秆直立，高 60~90 厘米，节上有白粉状微小绒毛。叶舌顶端钝圆，长 1~2.5 毫米；叶片线型，长 12~40 厘米，宽 3~4 毫米，平展。伪圆锥花序稀疏而狭窄，总状花序孪生，长 1.5~2 厘米，佛焰苞长 17~25 毫米，穗轴间节长 2~3 毫米，边缘被 1~2 毫米的白色柔毛；无柄小穗长圆状披针形，第二稃顶端有裂齿，芒从齿间伸出；有柄小穗长 4~6 毫米，柄上被白柔毛。

 生境 生于低海拔的丘陵、山坡、荒地上。
分布 三角山。

野青茅 *Deyeuxia pyramidalis*

主要特征： 秆直立，节膝曲，丛生，高 50~60 厘米。叶舌膜质，长 2~5 毫米；叶片长 5~25 厘米，宽 2~7 毫米，两面粗糙。圆锥花序紧缩似穗状，长 6~15 厘米，宽 1~2 厘米，草黄色或带紫色，贴生于主轴；颖披针形，第一颖有 1 脉，第二颖有 3 脉；外稃长 4~5 毫米，顶端有微齿。

生境	生于海拔 600 米以上的山坡、林缘、沟谷边等阴湿处。
分布	挂天瀑、横岗山。

马唐 *Digitaria sanguinalis*

主要特征：一年生草本，高 40~100 厘米。叶舌膜质，黄棕色；叶片线状披针形，长 5~20 厘米，宽 3~10 毫米，背面中脉疏生柔毛。总状花序 3~10 枚，长 5~18 厘米，上部互生或指状排列，基部近轮生；小穗长 3~3.5 毫米，披针形；第一颖薄膜质，第二颖具 3 脉；第一外稃 5~7 脉，第二外稃近革质，灰绿色。

生境	生于低海拔的路边、田野、旱地上。
分布	广泛分布。

牛筋草 *Eleusine indica*

主要特征： 一年生草本。秆丛生，直立或基部倾斜向四周展开，高 15~90 厘米。叶鞘压扁，有脊，口部常有柔毛；叶舌长约 1 毫米；叶片扁平或卷折，宽 3~5 毫米。穗状花序长 3~10 厘米；小穗有 3~6 花，长 4~7 毫米；颖披针形，有脊，第一颖长 1.5~2 毫米，第二颖长 2~3 毫米；第一外稃长 3~3.5 毫米，有脊，内稃短于外稃。种子长 1.5 毫米，卵形，有波状皱纹。

生境 生于低海拔的荒地和路边。

分布 广泛分布。

大白茅 *Imperata cylindrica* var. *major*

主要特征:草本。秆丛生,高 25~80 厘米,节上有 2~5 毫米的柔毛。叶舌干膜质,长 0.5~1 毫米,顶圆;叶片线型,平展,长 5~60 厘米,宽 2~8 毫米,无毛或背面及边缘粗糙。花序圆柱状,长 5~18 厘米;小穗长圆状披针形;小穗柄不等长;颖长圆状披针形,第一颖有 5 脉,第二颖 4~6 脉;第一外稃长圆披针形,内稃缺;第二外稃卵圆,内稃长 1.2 毫米。

生境 生于低海拔的荒地、山坡、疏林下和河岸沙地上。

分布 广泛分布。

箬竹 *Indocalamus tessellatus*

主要特征：小灌木。秆高 1~2 米，圆筒形，小枝具 2~4 叶。叶舌截形；叶片宽披针形或长圆状披针形，长 20~40 厘米，次脉 8~16 对，小横脉明显，叶缘生有细锯齿。圆锥花序长 10~14 厘米；小穗绿色带紫，含 5 或 6 朵小花；颖 3 片，纸质，第一颖有 5 脉，第二颖具 7 脉，第三颖具 9 脉；第一外稃有 11~13 脉，第一内稃背部有 2 脊，先端有 2 齿和白色柔毛。

生境	生于海拔 300~1400 米的山坡路旁。
分布	挂天瀑、南武当。

淡竹叶 *Lophatherum gracile*

主要特征: 直立草本, 高 40~100 厘米。叶舌短小, 长 0.5 毫米, 质硬, 叶片披针形, 长 5~20 厘米, 基部狭缩成柄状, 有明显横脉。圆锥花序长 10~35 厘米, 分枝长 5~16 厘米, 斜生或开展; 小穗长 7~10 毫米; 颖通常 5 脉, 第一颖长 3~4.5 毫米, 第二颖长约 5 毫米; 第一外稃长 6~7 毫米, 宽约 3 毫米, 内稃较短, 不育外稃密集包卷。

生境	生于海拔 1000 米以下的山坡、林地或林缘、道旁蔽荫处。
分布	三省垴。

粟草 *Milium effusum*

主要特征： 多年生草本。根细弱稀疏。秆光滑，高 90~150 厘米，有 3~5 节。叶舌透明膜质，长 2~8 毫米；叶片线状披针形，长 5~15 厘米，常表里反转。圆锥花序开展，长 10~20 厘米，每节有分枝 2~5 枚，上部着生小枝或小穗；小穗长椭圆形，灰绿色，长 3~4 毫米；颖纸质，外稃长 3~3.5 毫米，软骨质，光亮。颖果长 1.8~2 毫米。

生境 生于海拔 800~1000 米的林下及阴湿草地。

分布 薄刀峰、桃花冲。

芒 *Miscanthus sinensis*

主要特征:多年生高大草本，具根茎。秆直立，高 1~2 米，在花序以下疏生柔毛。叶舌钝圆；叶片线型，长 20~60 厘米，宽 6~10 毫米，边缘有疏细锯齿。圆锥花序扇形，长 10~30 厘米，分枝直立，长 10~20 厘米；小穗长圆披针形；第一颖有3~5 脉，具 2 脊，第二颖舟形，3 脉；第一外稃长圆披针形，第二外稃较第一外稃短 1/3，具 2 齿，齿间有 1 芒，内稃顶端不规则齿裂。

生境 生于海拔 1000 米以下的山坡、林缘。
分布 吴家山、三角山。

求米草 *Oplismenus undulatifolius*

主要特征： 细弱草本，基部横卧，高20~50厘米。叶舌厚膜质；叶片平展，披针形，具横脉，常皱而不平，长2~8厘米。花序主轴长2~8厘米；小穗簇生，卵圆形，长3~4毫米；颖草质，第一颖卵圆形，有3脉，有1硬直芒；第二颖广卵形，有5脉，顶端有长3~6毫米的硬直芒；第一外稃草质，有7~9脉，内稃存在，较窄；第二外稃长约3毫米。

生境分布 生于海拔1200米以下的林下阴湿处。麒麟沟。

糠稷 *Panicum bisulcatum*

主要特征: 一年生草本。秆直立或基部倾斜,具十数节,着地之节上生根,高 60~100 厘米。叶舌膜质,顶端被纤毛;叶片薄,线状披针形,长 5~15 厘米,宽 3~10 毫米。圆锥花序长 15~30 厘米;小穗灰绿色或褐紫色,长约 2~3 毫米;第一颖三角形,有 3 脉;第二颖与第一小花的外稃同形且等长,均具 5 脉,内稃缺;第二小花的外稃椭圆形,成熟时黑褐色。

生境	生于低海拔的山坡、林缘、水边和荒野潮湿处。
分布	吴家山、横岗山。

雀稗 *Paspalum thunbergii*

主要特征: 多年生草本。秆直立,丛生,高50~100厘米,节被长柔毛。叶鞘具脊,长于节间,被柔毛;叶舌膜质;叶片线形,长10~25厘米,两面被柔毛。总状花序3~6枚,长5~10厘米,互生于长3~8厘米的主轴上,形成总状圆锥花序,分枝腋间具长柔毛;小穗椭圆状倒卵形,散生微柔毛,顶端圆或微凸。

生境	生于低海拔的荒野潮湿草地。
分布	桃花溪、三角山。

狼尾草 *Pennisetum alopecuroides*

主要特征：多年生草本。须根较粗壮。秆直立，丛生，高 30~120 厘米，在花序下密生柔毛。叶舌具长约 2.5 毫米纤毛；叶片线形，长 10~80 厘米，先端长渐尖，基部生疣毛。圆锥花序直立，主轴密生柔毛；总梗长 2~3 毫米；刚毛粗糙，淡绿色或紫色，长 1.5~3 厘米；小穗通常单生，线状披针形，长 5~8 毫米。颖果长圆形，长约 3.5 毫米。

生境分布 生于低海拔的路边、田埂上。广泛分布。

显子草 *Phaenosperma globosum*

主要特征：多年生草本。根较稀疏而硬。秆单生或少数丛生，直立，坚硬，高 100~150 厘米，具 4~5 节。叶鞘光滑，通常短于节间；叶舌质硬，长 5~15 毫米，两侧下延。圆锥花序长 15~40 厘米，分枝在下部者多轮生，长 5~10 厘米；小穗背腹压扁，长 4~4.5 毫米。颖果倒卵球形，长约 3 毫米，黑褐色，表面具皱纹，成熟后露出稃外。

生境 生于海拔 150~1100 米的山坡林下、山谷溪旁及路边草丛。
分布 挂天瀑、龟峰山。

早熟禾 *Poa annua*

主要特征：一年生或冬性禾草。秆直立或倾斜，质软，高 6~30 厘米。叶鞘稍压扁，中部以下闭合；叶舌长 1~3 毫米，圆头；叶片扁平或对折，长 2~12 厘米，常有横纹。圆锥花序宽卵形，长 3~7 厘米，开展；分枝 1~3 枚着生各节，平滑；小穗卵形，含 3~5 小花，长 3~6 毫米，绿色。颖果纺锤形，长约 2 毫米。

生境 生于低海拔的路边或草地上。

分布 广泛分布。

棒头草 *Polypogon fugax*

主要特征：一年生草本。秆丛生，基部膝曲，光滑，高 10~75 厘米。叶鞘光滑无毛；叶片扁平，微粗糙，长 2.5~15 厘米，宽 3~4 毫米。圆锥花序穗状，长圆形或卵形，具缺刻或有间断，分枝长可达 4 厘米；外稃光滑，先端具微齿，中脉延伸成长约 2 毫米而易脱落的芒。颖果椭圆形，1 面扁平，长约 1 毫米。

金色狗尾草 *Setaria pumila*

主要特征：一年生草本，单生或丛生。秆直立或基部倾斜膝曲，近地面节可生根，高 20~90 厘米，仅花序下面稍粗糙。叶片线状披针形或狭披针形，长 5~40 厘米，宽 2~10 毫米，上面粗糙。圆锥花序紧密呈圆柱状或狭圆锥状，长 3~17 厘米，直立，主轴具短细柔毛，刚毛金黄色或稍带褐色，粗糙；通常在一簇中仅具一个发育的小穗。

生境 生于低海拔的林边、山坡、路边和荒芜的园地及荒野。
分布 挂天瀑、大崎山、横岗山。

狗尾草 *Setaria viridis*

主要特征：一年生草本。根为须状，高大植株具支持根。秆直立或基部膝曲，高 10~100 厘米。叶舌极短；叶片扁平，长三角状狭披针形或线状披针形，边缘粗糙。圆锥花序紧密呈圆柱状或基部稍疏离，主轴被较长柔毛，长 2~15 厘米；小穗 2~5 个簇生于主轴上或更多的小穗着生在短小枝上，椭圆形，先端钝，长 2~2.5 毫米，铅绿色。颖果灰白色。

生境 生于海拔 1000 米以下的荒野、道旁。

分布 吴家山、桃花冲。

大油芒 *Spodiopogon sibiricus*

主要特征：多年生草本。叶鞘大多长于其节间，上部生柔毛，鞘口具长柔毛；叶片线状披针形，基部渐狭，中脉粗壮隆起。圆锥花序长 10~20 厘米，腋间生柔毛；总状花序长 1~2 厘米，具有 2~4 节，小穗长 5~5.5 毫米，宽披针形，草黄色或稍带紫色；雄蕊 3 枚，花药长约 3 毫米。颖果长圆状披针形，棕栗色，长约 2 毫米。

生境	生于海拔 1000 米以下的山坡、路旁林荫之下。
分布	挂天瀑、龟峰山、大崎山。

石菖蒲 *Acorus tatarinowii*

主要特征： 多年生草本。根状茎多分枝；植株成丛生状，分枝常被纤维状宿存叶基。叶基生，无柄，叶片薄，剑状线型，长 20~30 厘米，无中肋，基部对折。佛焰苞叶状，长 13~25 厘米；肉穗状花序圆柱形，长 4~8 厘米，花白色。成熟时果序长 7~8 厘米，粗可达 1 厘米。

生境	生于海拔 400~1000 米的山谷溪旁、湿地石上或密林下。
分布	天马寨、龟峰山。

一把伞南星

Arisaema erubescens

主要特征: 多年生草本。鳞叶绿白色或粉红色,有紫褐色条纹。叶多为1枚,叶片放射状分裂,裂片无定数,披针形至椭圆形,长 8~24 厘米,叶柄中部以下具鞘。花序柄比叶柄短;佛焰苞绿色,背面有白色条纹;肉穗花序单性,雄花序长 2~2.5 厘米,雌花序长约 2 厘米;附属器棒状或圆柱形。浆果红色。

生境	生于海拔 800~1500 米的溪沟边及林下阴湿处。
分布	挂天瀑、薄刀峰、麒麟沟、横岗山。

滴水珠 *Pinellia cordata*

主要特征：多年生草本。块茎球形至长圆形，长 2~4 厘米。叶 1 枚，幼叶心状长圆形，长 4 厘米，宽 2 厘米；成叶心形至心状戟形，长 6~25 厘米。花序柄短于叶柄；佛焰苞绿色或淡黄色，长 3~7 厘米，管部长 0.2~2 厘米；肉穗花序，雄花序长 5~7 厘米，雌花序长 1~1.2 厘米；附属器青绿色，顶端渐狭成线型。

生境	生于海拔 800 米以下的溪边、林下、潮湿草地及岩壁。
分布	桃花溪、龙潭。

411

半夏 *Pinellia ternata*

主要特征：多年生草本。块茎球形，直径 1~2 厘米。叶 1~5，幼苗全部为单叶，叶片卵状心形或戟形，长 2~3 厘米；老株叶片 3 全裂，裂片长椭圆形或披针形，中裂片长 3~10 厘米，宽 1~3 厘米，侧裂片稍短，全缘或有波状圆齿；叶柄长 15~30 厘米，基部具鞘。花序柄长于叶柄，佛焰苞绿色，上部青紫色；肉穗花序长约 3 厘米。浆果卵圆形，黄绿色。

生境 生于海拔 1000 米以下的荒坡、草地，田边或疏林。

分布 南武当、麒麟沟、大崎山。

碎米莎草 *Cyperus iria*

主要特征：一年生草本。秆丛生，较细弱，高 8~80 厘米。叶片宽 2~5 毫米，短于秆；叶鞘红棕色或紫棕色。长侧枝聚伞花序复出，具 4~9 个辐射枝，最长可达 12 厘米，每枝具 5~10 个穗状花序；穗状花序长 1~4 厘米，具 5~22 个小穗；小穗长 4~10 毫米，具 6~22 朵花，小穗轴无翅；鳞片绿色，有 3~5 脉。小坚果三棱状倒卵形。

生境 生于低海拔的田间、山坡、路旁阴湿处。
分布 广泛分布。

华东薦草 *Scirpus karuizawensis*

主要特征：多年生草本。秆丛生，粗壮，高 80~150 厘米。叶坚硬，常短于秆，宽 4~10 毫米。长侧枝聚伞花序 2~4，集合成圆锥状；5~10 个小穗聚合成头状，小穗长 5~9 毫米，具多数花，鳞片红棕色，背面具 1 条脉；下位刚毛 6 条，白色，下部卷曲。小坚果倒卵状扁三棱形。

生境 生于低海拔的河边、溪旁及路边湿地。
分布 桃花冲。

玉山针蔺 *Trichophorum subcapitatum*

主要特征: 湿生草本。根状茎短。秆密集丛生，高 20~90 厘米，基部有宿存叶鞘。花序顶生，具 2~6 小穗；小穗卵球形或狭卵状长圆形，5~10 花；柱头 3，丝状。

生境 生于海拔 600~1200 米的山坡路边及灌丛。

分布 挂天瀑、南武当、薄刀峰。

无柱兰 *Amitostigma gracile*

主要特征:草本，高 7~20 厘米。块茎椭圆形，长可达 2.5 厘米。茎短，具一片叶，几无柄，矩形或长圆形，长 5~12 厘米，宽 2~4 厘米，质薄。花葶纤细，直立，长 5~20 厘米；总状花序长 1.5~5 厘米，具数朵至 20 朵花，花紫红色或粉红色；唇瓣 3 裂，长 5~8 毫米，侧裂片卵状至倒卵状矩圆形，中裂片先端平截或具 3 锯齿；蕊柱极短。蒴果长 5~8 毫米。

生境	生于海拔 1000 米以下山坡林下草丛中或阴处岩石上。
分布	挂天瀑、薄刀峰、桃花溪、麒麟沟、天台山。

独花兰 *Changnienia amoena*

主要特征： 草本，高 10~20 厘米。假鳞茎广卵形，肉质，顶生 1 片叶。叶长 6~11 厘米，宽 5~8 厘米。花葶自假鳞茎顶生出，顶生 1 朵花；花大，淡紫色；萼片矩圆状披针形，具腺体；花瓣较宽，斜卵状披针形，长 2.8~3 厘米；顶端具腺体；唇瓣沿蕊柱基部生，无柄，2 裂，侧裂片斜卵状三角形，直立，中裂片展开，边缘具波状圆齿，唇盘上具 5 个纵褶片；子房极短，长 7~8 毫米。

| 生境 | 生于海拔 1000 米左右的林缘、草地阴湿处。 |
| 分布 | 桃花冲、狮子峰。 |

天麻 *Gastrodia elata*

主要特征：腐生草本，高40~
150厘米。块茎卵形或长椭圆
形，横生，肉质。茎黄褐色。
总状花序，花淡绿黄色，萼
片与花瓣合生成斜卵状花被
筒；唇瓣长圆状卵圆形，基部
贴在花被筒内壁上，3裂，长
约5毫米，中部宽约5毫米，
基部有一对肉质突起；中裂片
舌状，具乳突，边缘不整齐，
侧裂片耳状；子房卵圆形，扭
转。蒴果椭圆形，长8~14
毫米。

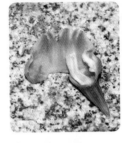

生境 生于海拔1200米以下的山坡稀疏林下阴湿处。
分布 吴家山、麒麟沟、大沟。

大花斑叶兰 *Goodyera biflora*

主要特征：小草本。茎直立，具 4~5 枚叶。叶片卵形或椭圆形，长 2~4 厘米，宽 1~2.5 厘米，上面绿色，具白色均匀细脉连接成的网状脉纹，背面淡绿色，有时带紫红色。总状花序，花大，长管状，白色或带粉红色，萼片线状披针形，近等长，背面被短柔毛；花瓣白色，稍斜菱状线形，长 2.5 厘米，宽 3~4 毫米，先端急尖。

生境 生于海拔 500~1200 米的林下阴湿处。
分布 桃花溪、南武当。

中文名索引

A

安徽小檗 85
凹叶景天 128

B

八角枫 223
八角莲 86
巴山榧 4
白背叶 182
白接骨 305
白鹃梅 144
白马鼠尾草 287
白檀 250
白头翁 79
白叶莓 157
白英 300
百合 371
百蕊草 32
斑地锦 180
半边莲 328
半边月 324
半夏 412
半枝莲 292
棒头草 406

薄雪火绒草 351
薄叶润楠 73
枹栎 12
宝盖草 279
北京忍冬 311
北美独行菜 114
备中菝葜 320
薜荔 18
萹蓄 35
扁担杆 207
博落迴 107

C

苍耳 362
苍术 336
糙苏 285
草木樨 170
草绣球 131
插田泡 155
常春藤 227
长柄山蚂蝗 166
长梗黄精 375
长喙紫茎 101
长叶冻绿 202
车前 309

齿叶矮冷水花 30
重齿当归 228
臭常山 187
臭椿 188
臭牡丹 268
臭檀吴萸 186
楮 16
穿龙薯蓣 380
垂盆草 129
垂枝泡花树 194
刺蓼 43
刺葡萄 206
丛枝蓼 42
粗齿冷水花 30
酢浆草 177

D

大白茅 395
大别山马兜铃 95
大别山鼠尾草 288
大柄冬青 198
大果山胡椒 70
大花斑叶兰 418
大金刚藤 164
大青 269

大血藤　89
大叶火焰草　127
大叶金腰　133
大油芒　408
袋果草　329
丹参　290
淡竹叶　397
弹裂碎米荠　111
倒卵叶忍冬　313
稻槎菜　350
灯台树　224
灯心草　382
滴水珠　411
棣棠花　146
点腺过路黄　243
吊石苣苔　307
冬青　197
豆瓣菜　115
独花兰　416
杜鹃　239
杜仲　15
盾果草　265
多花黄精　374
多毛荛花　209

E

鹅肠菜　53
鹅掌草　75

F

繁缕　60
饭包草　385

费菜　125
粉条儿菜　364
风花菜　117
风龙　91
枫香　122
枫杨　8
封怀凤仙花　195
佛甲草　128
伏生紫堇　104
附地菜　266

G

杠板归　41
高大翅果菊　353
高粱泡　158
高山露珠草　221
葛　171
葛萝槭　193
狗尾草　407
枸杞　296
构树　17
牯岭野豌豆　173
瓜叶乌头　74
瓜子金　190
拐芹　229
管花鹿药　373
管花马兜铃　97
光头山碎米荠　109
广布野豌豆　171

H

孩儿参　54

海金子　140
海州常山　269
海州香薷　276
韩信草　293
蕻菜　118
合萌　163
合轴荚蒾　323
何首乌　34
盒子草　219
红毒茴　5
红蓼　40
胡颓子　210
湖北贝母　368
蝴蝶戏珠花　322
虎耳草　138
虎杖　45
花点草　29
华东蘑草　413
华东木蓝　167
华东唐松草　84
华空木　162
华中碎米荠　112
华中五味子　67
化香树　7
黄鹌菜　363
黄丹木姜子　72
黄瓜假还阳参　344
黄海棠　102
黄荆　271
黄山杜鹃　236
黄山松　3
黄水枝　139

灰白毛莓 159
茴茴蒜 80
活血丹 277

J

鸡矢藤 260
鸡眼草 168
及己 94
蕺菜 93
戟叶蓼 44
荠 108
蓟 341
檵木 123
荚蒾 321
假鬃尾草 280
箭叶淫羊藿 87
江南散血丹 297
接骨草 318
接骨木 319
截叶铁扫帚 169
金疮小草 272
金花忍冬 311
金缕梅 121
金色狗尾草 406
金挖耳 339
金线草 33
金银忍冬 315
金樱子 152
金钟花 252
堇菜 212
九头狮子草 306
救荒野豌豆 173

桔梗 330
橘草 391
具柄冬青 198
聚花过路黄 242
卷丹 372
爵床 307
君迁子 246

K

喀西茄 299
开口箭 365
看麦娘 388
糠稷 401
刻叶紫堇 105
苦枥木 253
苦荬菜 349
苦糖果 312

L

蜡瓣花 119
兰香草 273
蓝花参 331
狼杷草 337
狼尾草 403
老鼠矢 251
老鸦糊 267
雷公鹅耳枥 9
鳢肠 345
荔枝草 291
楝 189
蓼子草 36
林生假福王草 351

龙葵 301
龙芽草 141
庐山楼梯草 26
鹿蹄草 234
路边青 145
轮叶八宝 124
轮叶过路黄 244
罗田玉兰 65
萝藦 256
裸花水竹叶 387
落新妇 130
荩草 20

M

马鞭草 270
马齿苋 49
马兰 334
马唐 393
马尾松 2
满山红 237
芒 399
猫乳 201
毛柄连蕊茶 99
毛叶香茶菜 278
茅栗 10
茅莓 158
美丽鼠尾草 289
米面蓊 32
绵毛金腰 132
绵毛马兜铃 96
绵穗苏 275
木防己 90

木通　88
木香花　150
牧根草　327

N

南赤飚　220
南方六道木　310
南方菟丝子　262
南山堇菜　213
南五味子　66
尼泊尔蓼　40
宁波溲疏　134
牛鼻栓　120
牛筋草　394
牛皮消　255
牛尾菜　378
牛膝　62
牛膝菊　347
牛至　284
糯米团　27
女娄菜　56

P

爬藤榕　19
爬岩香　94
盘叶忍冬　317
蓬蘽　156
匍匐南芥　108
匍茎通泉草　303
蒲儿根　356
蒲公英　360
朴树　14

Q

七星莲　215
漆姑草　55
千金藤　92
千里光　354
黔狗舌草　361
茜草　261
荞麦叶大百合　366
窃衣　232
青冈　11
青灰叶下珠　183
青荚叶　226
青皮木　31
青檀　14
青榨槭　193
清风藤　194
求米草　400
球果堇菜　214
球序卷耳　51
瞿麦　52
雀稗　402
雀舌草　58

R

忍冬　314
日本蛇根草　259
绒毛石楠　148
柔垂缬草　325
乳浆大戟　180
软条七蔷薇　151
箬竹　396

S

三花悬钩子　160
三尖杉　4
三裂蛇葡萄　204
三脉紫菀　335
三桠乌药　69
三叶委陵菜　149
桑　22
山核桃　6
山胡椒　68
山橿　71
山罗花　303
山莓　154
山梅花　136
山木通　76
山牛蒡　359
山桐子　211
山蓄菜　113
商陆　48
少花万寿竹　367
蛇含委陵菜　149
蛇莓　143
省沽油　200
石菖蒲　409
石龙芮　81
石荠苎　283
石香薷　282
疏花雀麦　390
疏头过路黄　245
鼠麴草　352
薯蓣　381

栓皮栎　13

水晶兰　233

水蓼　37

水芹　231

水团花　257

四照花　225

四籽野豌豆　174

粟草　398

粟米草　49

酸模　46

算盘子　181

碎米荠　110

碎米莎草　413

T

天葵　83

天麻　417

天名精　338

天女花　63

田紫草　263

铁苋菜　179

透骨草　308

土茯苓　377

兔儿伞　358

豚草　332

W

歪头菜　175

弯曲碎米荠　110

菵草　389

望春玉兰　64

蜗儿菜　294

乌桕　184

乌蔹莓　205

无心菜　50

无柱兰　415

X

稀花蓼　36

细风轮菜　274

细叶鼠麴草　348

细枝茶藨子　137

下江忍冬　316

夏枯草　286

显子草　404

腺梗豨莶　355

香果树　258

香青　333

小巢菜　172

小赤麻　24

小蜡　254

小连翘　103

小蓼花　39

小蓬草　342

小窃衣　232

小叶白辛树　247

缬草　326

萱草　369

玄参　304

悬铃叶苎麻　25

血见愁　295

Y

鸭儿芹　230

鸭跖草　386

延胡索　106

盐肤木　191

扬子毛茛　82

羊蹄　47

羊踯躅　238

野大豆　165

野灯心草　383

野海茄　298

野菊　340

野老鹳草　178

野茉莉　248

野漆　192

野蔷薇　153

野青茅　392

野山楂　142

野柿　246

野茼蒿　343

野鸦椿　199

一把伞南星　410

一年蓬　346

一枝黄花　357

益母草　281

蝇子草　57

油茶　100

油桐　185

愉悦蓼　38

羽毛地杨梅　384

玉铃花　249

玉山针蔺　414

玉竹　376

元宝草　103

芫花　208

圆叶鼠李　202

圆锥铁线莲　77

月见草　222

云锦杜鹃　235

Z

早熟禾　405

獐耳细辛　78

沼生繁缕　61

柘　21

浙赣车前紫草　264

浙皖凤仙花　196

珍珠菜　241

支柱蓼　43

中国繁缕　59

中国旌节花　217

中国石蒜　379

中国绣球　135

中华金腰　134

中华猕猴桃　98

中华秋海棠　218

中华石楠　147

中华绣线菊　161

皱叶鼠李　203

珠芽艾麻　28

珠芽景天　126

诸葛菜　116

猪殃殃　259

苎麻　23

紫萼　370

紫花地丁　216

紫金牛　240

紫藤　176

醉鱼草　302

拉丁名索引

A

Abelia dielsii　310

Acalypha australis　179

Acer davidii subsp. *davidii*　193

Acer davidii subsp. *grosseri*　193

Achyranthes bidentata　62

Aconitum hemsleyanum　74

Acorus tatarinowii　409

Actinidia chinensis　98

Actinostemma tenerum　219

Adina pilulifera　257

Aeschynomene indica　163

Agrimonia pilosa　141

Ailanthus altissima　188

Ajuga decumbens　272

Akebia quinata　88

Alangium chinense　223

Aletris spicata　364

Alopecurus aequalis　388

Ambrosia artemisiifolia　332

Amitostigma gracile　415

Ampelopsis delavayana　204

Anaphalis sinica　333

Anemone flaccida　75

Angelica biserrata　228

Angelica polymorpha　229

Antenoron filiforme　33

Arabis flagellosa　108

Ardisia japonica　240

Arenaria serpyllifolia　50

Arisaema erubescens　410

Aristolochia dabieshanensis　95

Aristolochia mollissima　96

Aristolochia tubiflora　97

Aster indicus　334

Aster trinervius subsp. *ageratoides*　335

Astilbe chinensis　130

Asyneuma japonicum　327

Asystasia neesiana　305

Atractylodes lancea　336

B

Beckmannia syzigachne　389

Begonia grandis subsp. *sinensis*　218

Berberis anhweiensis　85

Bidens tripartita　337

Boehmeria nivea　23

Boehmeria spicata　24

Boehmeria tricuspis　25

Bromus remotiflorus　390

Broussonetia kazinoki　16

Broussonetia papyrifera　17

Buckleya henryi　32

Buddleja lindleyana　302

C

Callicarpa giraldii　267

Camellia fraterna　99

Camellia oleifera　100

Campylandra chinensis　365

Capsella bursa-pastoris　108

Cardamine engleriana　109

Cardamine flexuosa　110

Cardamine hirsuta　110

Cardamine impatiens　111

Cardamine macrophylla　112

Cardiandra moellendorffii　131

Cardiocrinum cathayanum　366

Carpesium abrotanoides　338

Carpesium divaricatum　339

Carpinus viminea　9

Carya cathayensis　6

Caryopteris incana　273

Castanea seguinii　10

Cayratia japonica　205

Celtis sinensis　14

Cephalotaxus fortunei　4

Cerastium glomeratum　51

Changnienia amoena　416

Chloranthus serratus　94

Chrysanthemum indicum　340

Chrysosplenium lanuginosum　132

Chrysosplenium macrophyllum　133

Chrysosplenium sinicum　134

Circaea alpina　221

Cirsium japonicum　341

Clematis finetiana　76

Clematis terniflora　77

Clerodendrum bungei　268

Clerodendrum cyrtophyllum　269

Clerodendrum trichotomum　269

Clinopodium gracile　274

Cocculus orbiculatus　90

Comanthosphace ningpoensis　275

Commelina benghalensis　385

Commelina communis　386

Conyza canadensis　342

Cornus controversa　224

Cornus kousa subsp. chinensis　225

Corydalis decumbens　104

Corydalis incisa　105

Corydalis yanhusuo　106

Corylopsis sinensis　119

Crassocephalum crepidioides　343

Crataegus cuneata　142

Crepidiastrum denticulatum　344

Cryptotaenia japonica　230

Cuscuta australis　262

Cyclobalanopsis glauca　11

Cymbopogon goeringii　391

Cynanchum auriculatum　255

Cyperus iria　413

D

Dalbergia dyeriana　164

Daphne genkwa　208

Deutzia ningpoensis　134

Deyeuxia pyramidalis 392

Dianthus superbus 52

Digitaria sanguinalis 393

Dioscorea nipponica 380

Dioscorea polystachya 381

Diospyros kaki var. *silvestris* 246

Diospyros lotus 246

Disporum uniflorum 367

Duchesnea indica 143

Dysosma versipellis 86

E

Eclipta prostrata 345

Elaeagnus pungens 210

Elatostema stewardii 26

Eleusine indica 394

Elsholtzia splendens 276

Emmenopterys henryi 258

Epimedium sagittatum 87

Erigeron annuus 346

Eucommia ulmoides 15

Euphorbia esula 180

Euphorbia maculata 180

Euscaphis japonica 199

Eutrema yunnanense 113

Evodia daniellii 186

Exochorda racemosa 144

F

Fallopia multiflora 34

Ficus pumila 18

Ficus sarmentosa var. *impressa* 19

Forsythia viridissima 252

Fortunearia sinensis 120

Fraxinus insularis 253

Fritillaria hupehensis 368

G

Galinsoga parviflora 347

Galium aparine var. *tenerum* 259

Gastrodia elata 417

Geranium carolinianum 178

Geum aleppicum 145

Glechoma longituba 277

Glochidion puberum 181

Glycine soja 165

Gnaphalium japonicum 348

Gonostegia hirta 27

Goodyera biflora 418

Grewia biloba 207

H

Hamamelis mollis 121

Hedera nepalensis var. *sinensis* 227

Helwingia japonica 226

Hemerocallis fulva 369

Hepatica nobilis var. *asiatica* 78

Hosta ventricosa 370

Houttuynia cordata 93

Humulus scandens 20

Hydrangea chinensis 135

Hylodesmum podocarpum 166

Hylotelephium verticillatum 124

Hypericum ascyron 102

Hypericum erectum 103

Hypericum sampsonii 103

I

Idesia polycarpa   211
Ilex chinensis   197
Ilex macropoda   198
Ilex pedunculosa   198
Illicium lanceolatum   5
Impatiens fenghwaiana   195
Impatiens neglecta   196
Imperata cylindrica var. *major*   395
Indigofera fortunei   167
Indocalamus tessellatus   396
Isodon japonicus   278
Ixeris polycephala   349

J

Juncus effusus   382
Juncus setchuensis   383

K

Kadsura longipedunculata   66
Kerria japonica   146
Kummerowia striata   168

L

Lamium amplexicaule   279
Laportea bulbifera   28
Lapsanastrum apogonoides   350
Leontopodium japonicum   351
Leonurus chaituroides   280
Leonurus japonicus   281
Lepidium virginicum   114

Lespedeza cuneata   169
Ligustrum sinense   254
Lilium brownii var. *viridulum*   371
Lilium tigrinum   372
Lindera glauca   68
Lindera obtusiloba   69
Lindera praecox   70
Lindera reflexa   71
Liquidambar formosana   122
Lithospermum arvense   263
Litsea elongata   72
Lobelia chinensis   328
Lonicera chrysantha   311
Lonicera elisae   311
Lonicera fragrantissima var. *lancifolia*   312
Lonicera hemsleyana   313
Lonicera japonica   314
Lonicera maackii   315
Lonicera modesta   316
Lonicera tragophylla   317
Lophatherum gracile   397
Loropetalum chinense   123
Luzula plumosa   384
Lycium chinense   296
Lycoris chinensis   379
Lysimachia clethroides   241
Lysimachia congestiflora   242
Lysimachia hemsleyana   243
Lysimachia klattiana   244
Lysimachia pseudohenryi   245
Lysionotus pauciflorus   307

M

Machilus leptophylla　73

Macleaya cordata　107

Maclura tricuspidata　21

Maianthemum henryi　373

Mallotus apelta　182

Mazus miquelii　303

Melampyrum roseum　303

Melia azedarach　189

Melilotus officinalis　170

Meliosma flexuosa　194

Metaplexis japonica　256

Milium effusum　398

Miscanthus sinensis　399

Mollugo stricta　49

Monotropa uniflora　233

Morus alba　22

Mosla chinensis　282

Mosla scabra　283

Murdannia nudiflora　387

Myosoton aquaticum　53

N

Nanocnide japonica　29

Nasturtium officinale　115

O

Oenanthe javanica　231

Oenothera biennis　222

Ophiorrhiza japonica　259

Oplismenus undulatifolius　400

Origanum vulgare　284

Orixa japonica　187

Orychophragmus violaceus　116

Oxalis corniculata　177

Oyama sieboldii　63

P

Paederia foetida　260

Panicum bisulcatum　401

Paraprenanthes diversifolia　351

Paspalum thunbergii　402

Pennisetum alopecuroides　403

Peracarpa carnosa　329

Peristrophe japonica　306

Phaenosperma globosum　404

Phedimus aizoon　125

Philadelphus incanus　136

Phlomis umbrosa　285

Photinia beauverdiana　147

Photinia schneideriana　148

Phryma leptostachya subsp.

　asiatica　308

Phyllanthus glaucus　183

Physaliastrum heterophyllum　297

Phytolacca acinosa　48

Pilea peploides var. *major*　30

Pilea sinofasciata　30

Pinellia cordata　411

Pinellia ternata　412

Pinus massoniana　2

Pinus taiwanensis　3

Piper wallichii　94

Pittosporum illicioides　140

Plantago asiatica　309

Platycarya strobilacea   7

Platycodon grandiflorus   330

Poa annua   405

Polygala japonica   190

Polygonatum cyrtonema   374

Polygonatum filipes   375

Polygonatum odoratum   376

Polygonum aviculare   35

Polygonum criopolitanum   36

Polygonum dissitiflorum   36

Polygonum hydropiper   37

Polygonum jucundum   38

Polygonum muricatum   39

Polygonum nepalense   40

Polygonum orientale   40

Polygonum perfoliatum   41

Polygonum posumbu   42

Polygonum senticosum   43

Polygonum suffultum   43

Polygonum thunbergii   44

Polypogon fugax   406

Portulaca oleracea   49

Potentilla freyniana   149

Potentilla kleiniana   149

Prunella vulgaris   286

Pseudognaphalium affine   352

Pseudostellaria heterophylla   54

Pterocarya stenoptera   8

Pteroceltis tatarinowii   14

Pterocypsela elata   353

Pterostyrax corymbosus   247

Pueraria montana var. *lobata*   171

Pulsatilla chinensis   79

Pyrola calliantha   234

Q

Quercus serrata   12

Quercus variabilis   13

R

Ranunculus chinensis   80

Ranunculus sceleratus   81

Ranunculus sieboldii   82

Reynoutria japonica   45

Rhamnella franguloides   201

Rhamnus crenata   202

Rhamnus globosa   202

Rhamnus rugulosa   203

Rhododendron fortunei   235

Rhododendron maculiferum subsp.
 anhweiense   236

Rhododendron mariesii   237

Rhododendron molle   238

Rhododendron simsii   239

Rhus chinensis   191

Ribes tenue   137

Rorippa globosa   117

Rorippa indica   118

Rosa banksiae   150

Rosa henryi   151

Rosa laevigata   152

Rosa multiflora   153

Rostellularia procumbens   307

Rubia cordifolia   261

Rubus corchorifolius   154

Rubus coreanus   155